只要基本款
頂尖韓國設計師
教你時尚穿搭術

F·book
서른 넘어 옷 입기

OUR CLOTHES STYLE
X 30 YEARS OLD

LINEN NATURAL

CAMY

CORBU

COMO

OILCLOTH

F·book　著

王品涵　譯

我想，這個故事應該從
「服裝，決定一個人」開始

在這個世界上，有形形色色的女人。有些女人喜歡吃這種食物，有些女人則喜歡吃另一種食物；有些女人喜歡住在這樣風格的房子裡，有些女人則享受住另一種風格的房子裡；有些女人喜歡用這樣的方式養育孩子，有些女人則選擇用另一種方式來教養孩子；有些女人和老公感情融洽，有些女人則和老公吵個不停。職業婦女、家庭主婦，又或者說這種女人、那種女人……在如此形形色色的女人當中，共同存在著一種名為「服裝」的東西。

有一句話是這麼說的：「即使餓肚子也要穿得光鮮亮麗，才不會被忽略，才能受到重視。」隨著年齡增長，這句話深深烙印在我心裡。我想，這句話所指的就是「服裝，決定一個人」吧！穿著昂貴的衣服，並不是和穿著好的衣服畫上等號。只不過，當我們打開某個人的衣櫃時，不難從衣櫃裡所掛的衣服當中，窺探出他的人生。我們想和大家分享的就是這樣的一個故事。

衣服，即是品味！我們從服裝就能輕易地判斷出某個人的品味。而品味，即是自信！我們可就此推斷出一個結論，那就是如果你能了解一個女人的品味，那麼就能掌握她的人生。盛裝打扮卻一點都不美麗的女人，與穿著鬆垮T-Shirt搭配牛仔褲能吸引眾人目光的女人，差

別關鍵就在於品味、在於人生，至少，對我們女人而言確實如此！

這間雜貨鋪是由五個熟女和一個二十幾歲的女孩，六個個性大喇喇的女人聚在一起，一起吃喝、一起工作的地方。我們的店名是「F book」，因此便決定以此來命名我們的第一本書（韓文書名：F book 서른 넘어 옷 입기）。 如果說為什麼要選這麼一個看起來不怎麼樣的名字做為一本服裝書的書名……大概是因為聽起來沒有那麼沉重吧！換衣服又不是像要換老公或再養一個孩子般那麼嚴重的事，只要下定決心，從現在開始，就能夠一點點、一步步地朝著「打造專屬我的風格」方向走，自然而然就能找到適合自己的服裝。

在這裡要感謝，為了這本書二話不說就打開個人衣櫃的五位「品味與風格極為相似的時尚達人」，真的很喜歡當她們拿出衣服穿在身上時，好像帶著我們回到過去般，一同經歷那段美好青春歲月的感覺。也很謝謝在這種必須節約開支的生活中，還願意掏錢將這本書帶走的各位，我們一定會讓大家值回「書價」。希望各位在閱讀這本書的同時，也能讓幸福變得多一些！

～by 幸福的作者們「F．book」

　　媽媽說因為一直以來生活都過得不太好，就連嫁作人婦後，也從來沒有買過一套新衣；直到生平第一次帶著年僅五歲的女兒到歷史古宮昌慶宮遊玩時，才把結婚典禮時穿的韓服拿出來穿。可是就連當時還年幼的我都看得出來，媽媽的韓服有多麼地寒酸。所以我告訴媽媽：「等我以後賺很多的錢就買漂亮的宮服給妳穿！」那時媽媽也不過才二十五歲的年紀。其實我到現在都還沒有確實履行，當初鄭重勾手指說要送皇后禮服給媽媽的承諾，只是盡量避免在大賣場隨便買衣服給媽媽穿而已。「媽，請再等一等，等您七十大壽時，我一定買一件超級厲害的貂皮大衣。」即便很清楚這只是女兒開的空頭支票，但是女兒希望媽媽能夠身體健康活得長壽的心願。所以每每當聽到我這麼說時，她還是會覺得很開心。媽媽今年六十九歲了，而我也即將邁向五十歲的大關。

「媽，等我長大後要賺很多很多錢，我一定會買皇后的華麗宮服送給妳！」

對女人來說，生命中有一種東西叫「婚姻」，這個婚姻究竟是順遂、煎熬、痛苦或者快樂？只要請她們打開衣櫃就能揭曉。即使只是看一眼衣櫃裡所掛的衣物，也可以推斷這個女人的一生究竟是如何走過來的？對人生抱著什麼樣的想法？去了哪些地方？逛過多少街？生活闊綽有餘還是捉襟見肘？懷抱著什麼樣的夢想？現實生活中一切的問題都能在衣櫃裡找到答案。這話雖然聽起來有些心酸，不過確實是如此。或許對媽媽來說，婚姻就等同和「貧窮」畫上等號。某一天，有個男人突然闖進自己的人生，連同他的貧窮也帶了進來，這就是我的媽媽啊……然而這並非全然是場不幸。

如果把媽媽形容為「像爸爸一樣的媽媽」簡直有過之而無不及。因為媽媽她不但養大我們家五個孩子，還對教養很有一套。對我來說，「年輕時媽媽的衣櫃」永遠保持著偌大的空間，只會偶爾出現幾套爸爸的衣服，不過也都是贈送品，看起來都是一些簡樸的服飾。因此衣櫃的最大功用並不是用來收納衣服，而是我們五

個小孩玩躲貓貓的最佳場所。每當和弟弟妹妹們玩躲貓貓躲進衣櫃時，撲鼻而來的是媽媽衣服的菜味，突然會有一股飢餓感襲捲，這樣的印象至今還留在我腦海裡。曾經想過，「如果小時候，媽媽可以像鄰家阿姨一樣也穿連身裙，那不知道該有多好！」甚至還說過「如果我是媽媽就好了！」這樣的話。只不過隨著年歲的增長，我變得越來越喜歡媽媽原來的樣子。就算衣櫃再怎麼空蕩蕩，在難得外出時沒有一套適合的衣服可以穿，甚至一生都不知道「品味」為何物……但那樣的我的媽媽卻不曾感到自卑，那樣的我的媽媽真的好帥氣。

如果和當時媽媽的衣櫃相比，我現在的衣櫃簡直就如遊歷過各地風景般，豐富多樣，卻還是不時地嘆氣、發牢騷。為什麼呢？因為要穿的衣服、不穿的衣服和絕不會穿的衣服全都混在一起，彷彿只要輕輕一拿起，衣櫃整個就會崩塌。因此只要偶爾到了捲起衣袖想要下定決心整理衣櫃的日子，起手式往往都是：嘆氣、嘆氣、嘆氣。

樸素或華麗……
妳的衣櫃正掛著妳的人生

日本電影《夏威夷男孩》劇照。

「妳真的很糟糕耶，連想找個稍微有條理的地方都找不到，都四十幾的人了，怎麼衣櫃還是這個樣子，還真是『壯觀』啊！」

首先要做的就是數落一番這些膽敢對我口出怨言的衣服，就從這些衣服開始下手把它們丟棄吧！「把這些有的沒的東西全都丟棄！這也要留、那也要留，就是這樣才搞得亂七八糟的，過得簡單一點好嗎？簡－單－！」當好不容易下定決心，把衣服一口氣全數丟了之後……卻又開始購入一件又一件的便宜貨。因為就是不知為什麼，總覺得自己沒有衣服可穿的念頭，就像滔滔江水般綿延不絕。這還真是一種無可救藥的病。如果能夠頓悟媽媽說過的名言：「與其如此倒不如一無所有地生活！」我想那就是真的老囉……。

一腳踏入氣燄漸趨收斂的年紀，無論再怎麼睜亮雙眼，早已尋不回豐沛飽滿的青春，那就是現在的「我」。可是說來也有些奇怪，我不時還是會湧現慾望，一種想要變得更美的慾望。或許是想要時髦地變老吧！或許想在一切都還為時未晚之前，整理一下年輕歲月為了討生活疏於打理的蓬頭垢面吧！一邊打扮，一邊老去，一邊變成美麗的老奶奶……最近我總是這麼夢想著。

「年紀一大，就沒有什麼做不了的事了。」

這是出自日本電影《夏威夷男孩》的對白，建議各位可以看看這部電影。我已選定電影主角老奶奶作為我日後風格的指標了：爆炸頭、褲管捲起的七分緊身牛仔褲、手織背心搭鄉村風襯衫、淡雅的連身裙、素白的刺繡圍裙和掛著球球的針織襪……老奶奶的風格簡直就是一種藝術，當然，那也正是我喜好的極端版。

老奶奶穿著那樣的衣服，夢想著、愛著，我真的好喜歡。即使上了年紀，仍然可以一如往昔地懷抱夢想、擁抱愛，身穿與自己性格相符的漂亮衣服，理出自己的模樣。

雖說能夠以一般老奶奶的典型裝扮：阿嬤花布衣搭配粗的純金項鍊和手鐲逐漸老去，也是一個不錯的選擇，但就是想要有那麼一點專屬於我、專屬於我走過的人生，想要擁有變成老奶奶的──我的限定版風格。

像是「結了婚的女人打扮成那樣，要給誰看啊？」之類的話語都請讓它左耳進右耳出；也不要因為聽到「有時間把精神花在服裝上，不如把時間拿來照顧孩子」而覺得受傷。人生有多長……那些什麼「結了婚的女人隨便穿就好」的說法最好置之不理，難道大家都拋棄女人愛美天性就這樣過生活好嗎？

有自己風格的媽媽才能養育出有具自我風格的孩子，能做好一件事的女人也才能做好十件事。是誰說一定要穿貴的衣服才能穿出風格？我相信只要是女人，都希望能夠創造最專屬、最適合自己的穿衣風格，同時這也是女人的特權。

只不過，不要為了要讓自己看起來雍容華貴，就將自己全身上下都裝扮得閃亮亮的。把耳環、項鍊、手鐲、戒指和用來當作髮箍的墨鏡……覺得這種全副武裝感覺起來很潮，倒不如什麼都不要還比較好。

「我完全沒有任何一點穿搭的概念，該怎麼辦？」如果這麼問我的話，我會建議妳先翻閱本書，即使是主婦的時尚潮流，本書也收錄了幾位願意分享自己衣櫃的時尚達人，只要參觀一下她們的衣櫃，就可以發現一些新的穿搭概念喔！

即使陷在必須量入為出的生活裡，請記得「我」依然是那個珍貴的我。就算老公、孩子、婆婆都對自己「不友善」，也請一定要自己好好愛自己。請從服裝開始吧！真的，因為只要年紀一大，就沒有什麼做不了的事了。

～by「F．book大姊」金秀京

世界名流用一句話揭密穿衣哲學

衣服，在妳還沒有開口之前，
就說明妳是一個什麼樣的人。

服裝，就是對自我的自信。

—保羅·史密斯（Paul Smith）

服裝是自我表現的方式，同時也是一種選擇；
如果有人覺得不懂得該怎麼穿衣的話，
那麼先站到鏡子前面好好地研究自己。
流行並不等於愚蠢，不需要重視打扮之類的話，
也絕對不是真理。

—繆西婭·拉普達（Miuccia Prada）

我現在突然頓悟到服裝比政治來得重要多了，
因為大家把注意力放在賈桂琳的衣服上勝過於我的演講。

—約翰·甘迺迪（John F.Kennedy）

出門前，看一看鏡子，取下一個東西吧！

—凱特·摩絲（Katherine Ann Moss）

從很早以前，我就深信外在和內在是有關聯性的，
看來越是出眾的外在，往往越能帶來心情的愉悅。

—吉爾·桑德（Jil Sander）

服裝，是一個人的想法、一個人的生活方式，
也是一個人正在開拓的世界。

—可可·香奈爾（Coco Chanel）

時尚，並不僅限於服飾，還包括了坐的椅子、喝水的杯子……還
有妳所知道關於一切的一切，它是一種人生的哲學和標記。
—湯姆．福特（Tom Ford）

如果能夠穿上讓人印象深刻的服飾，
妳的人生將會變得更美好一些。
—薇薇安．魏斯伍德（Vivienne Westwood）

我相信的不是服裝，而是風格。
—拉爾夫．洛朗（Ralph Lauren）

毀滅服裝的正是那該死的標誌，標誌把服裝貶成了廣告，
那不是服裝，而是商標。
—亞歷山大．麥昆（Alexander McQueen）

偶爾我會這麼問自己：「服裝是什麼？」
每一次我都得到相同的答案：
「是能讓我更有自信的東西」。
—及安尼．凡賽斯（Gianni Versace）

打造專屬個性和風格前，
時尚專家的小提醒

說到衣服這件事其實還滿奇妙的，衣服的種類非常單純，上衣、下著，成套的則有洋裝或外套等，輕而易舉就可以分類完畢。但是如果真要論及穿衣哲學和個人喜好的話，其數量之龐大或許就跟全世界的人口數差不多吧！另外還有一點也很妙，那就是即使衣櫃裡的衣服已經多到瀕臨爆炸邊緣，可是每每到了要挑衣服穿的時候，卻總是覺得自己沒有衣服可穿。或許就像去大賣場瘋狂採購

到卡都要刷爆了，卻在買了一大堆東西回到家的瞬間，又覺得晚餐好像沒有什麼可吃一樣，整個空虛啊！

什麼時候才能擺脫這奇怪的衣服魔咒呢？脫下制服後？逃離父母的管制後？開始自己買衣服後的十年、二十年？經過上述這些過程就能開始學會怎麼穿衣服？答案當然是：No！

不是衣服越多就越會穿衣，也不是臉蛋漂亮身材姣好就會穿衣，如果是這樣的話，那皮

膚狀況和身材都今非昔比的主婦們，對於怎麼穿，豈不是只有越來越苦惱的份了。

隨著待在家裡的時間變多，開始會覺得就算每天都穿同一條棉褲搭配領口鬆掉的T恤，也沒有什麼好丟臉的；一旦人生和家事、育兒掛在一起的時候，幾乎就不會再有任何餘裕將時間和金錢投資在衣服上，衣櫃裡也只留下一堆新婚時煞費苦心整理好的「少女系」配件了。

這麼說來，每一天睜開雙眼，本來是能夠帶給女人快樂、魅力，讓女人的人生變得耀眼的「衣服」，卻變得只剩下覆蓋身體、遮醜的功能，這樣對嗎？我可以斷言，絕對沒有什麼因為「上了年紀」、因為「是歐巴桑」諸如此類的理由，就足以把隨便穿就可以變得合理化。

因此「F.book」不假思索地拋出了一個問題：「為什麼想要懂得怎麼穿衣呢？」雖然這個問題會有如漫天繁星般數之不盡的答案，但是無論答案是什麼，或許回答這個問題的發語詞都會是「既然……」吧？

看著身邊那些會穿衣服的人（指的是不執著於昂貴品牌或名牌包的人），雖然風格不盡相同，卻都擁有一個共通點，那就是他們總是能夠泰然自若地穿著適合自己身形、年齡、狀態的衣服。除了讓人看起來覺得舒服外，更讓人感到神奇的是，越是擁有獨到服裝見解的主婦，無論在家事、育兒、室內擺設方面往往也都能獨樹一格。

聽了《理想的簡單生活》（L'art de la simplicité）一書的作者多明妮克‧洛羅（Dominique Loreau）的話，我了解到穿著適合自己的衣服真的是件相當重要的事。

「並不在於要去追求什麼理想中的風格，重點在於能夠展現自我。當服裝穿著與自己相襯的時候，那就是一種有個性的風格。流行會轉變，唯有風格才能留存；流行可以用錢買到，但唯有風格才能鑲嵌在自己身上。另外，自己對什麼樣的衣服感到滿意也是個問題。首先要在腦海中稍稍模擬一下應該怎麼穿比較好？包括風格相符的小配件在內，要試著花點時間思考一下服裝的整體風格。妳的服裝將會成為妳這個人，妳所想要展現的模樣，妳的想像力、決策力、判斷力、創造力、政治思想、生活方式等等的代言人；在妳還沒有開口之前，已經替妳說明了一切。」

經常可以聽到「第一印象決定一個人的一切」，而所謂的「第一印象」不僅僅是包含臉蛋、髮型和身材，當中也包含了穿衣風格，所以說「衣服」是可以跟「印象」畫上等號的。如果這麼想的話，似乎可以讓大家願意多花點心思在服裝上面。身上所穿的衣服將會赤裸裸地揭露我這個人，不正是一種令人既感壓力卻又興奮的挑戰嗎？

01

只要擁有幾項基本單品，
就足以達到基本的時尚標準

　　無論是徵詢時尚專家或是閱讀服裝指南，都會得到一個相同的結論，那就是有些東西是衣櫃裡必備的；至少，只要確切擁有了這些在人生重要時刻必需的單品，就絕對能夠達到均標以上的水準。那麼，究竟基本款的服裝、衣櫃裡的基本單品是什麼呢？

1　白襯衫
2　無袖的基本款黑洋裝
3　條紋 T 恤
4　牛仔褲
5　黑褲＆黑裙
6　開釦針織衫
7　軍裝外套
8　西裝外套

　　非要選擇的話，以上八種就是必備的基本單品。只不過即使是基本單品也有會不會退流行的問題。因為再怎麼狠下心大肆採購，只要過了三到四年左右的時間，這些衣服還是會不知道從哪裡開始出現揮之不去的舊時代感。十年，不，大概撐不到五年吧！牛仔褲的褲管開始鬆垮，軍裝外套的肩章和長度開始參差，白襯衫要不是變得寬鬆就是變得緊身，而洋裝的長度則是變成了迷你裙。

　　黑西裝外套的命運也不例外，本來流行的長度大概是蓋住半個屁股，可是最近的潮流反倒覺得長度要長一點看起來才夠帥氣，而且它的地位還被工人服或早在二十年前就已經流行過的牛仔外套取代了。

　　因此沒有必要為了要擁有基本單品就去購買過於昂貴的衣服，要張大眼找出名符其實的「基本」款才是比較重要的。所以說，想要一眼就能判斷出東西的價值實在太困難了。

　　衣服一直以來被視為是附屬品，在擁有多點衣服或是少點衣服之間，擁有基本單品或許是中庸之道。我想，答案即是找尋符合潮流的基本單品，並拿捏好分寸。

1 white shirts	5 black pants & skirt
2 black one-piece	6 knit cardigan
3 stripe t-shirts	7 trench coat
4 denim pants	8 black tailored jacket

02 | 光是做好收納，
就能讓妳的穿著升級

「奇怪，怎麼找都找不到，到底跑哪去了？」

在過年的時候總是會出現的一句話。明明就是去年一天到晚都在穿的衣服，就這樣被衣櫃裡的黑洞吞噬了；而且還不僅於此，衣櫃裡黑色、黑色、黑色、灰色⋯⋯充斥著一大堆類似的衣服，然後永遠都有因為這樣、因為那樣的理由可以幫「再多衣服還是沒衣服穿」的理論背書。體重不時都在飆升，經濟能力卻又日益下降，越是過著歐巴桑的生活越是不可自拔。

會穿衣服的人常常把「多看、多穿就是學會穿衣的不二法則」這麼一句話掛在嘴邊。事實上，現在正在寫這篇文章的編輯，當然一方面是真的想要買衣服，一方面則是因為喜歡「看」衣服，所以一天會逛一次網拍、瞧一瞧新商品，一個月也會去逛一、兩次百貨公司和東大門做市場調查；除此之外也經常翻閱時尚雜誌、喜歡自己做做衣服。

話雖如此，但是我絕對不是在說自己很會

穿衣服，反而是每次穿了新衣服出門就會遭到莫名其妙的指責：「妳到底是為什麼要買那麼多，每天穿起來風格都看不出哪裡不同的衣服？」再不然就是因為穿了黑褲襪卻只搭蓋過屁股的黑上衣就被劃歸為「烏鴉一族」。

說到這裡，我一定要幫全世界的烏鴉一族好好澄清。全身黑的優點就是無論到哪裡都可以很自在（當然衣服上不能布滿毛球或是灰塵），以及居家這樣穿著絕也不會因宅配突然造訪而感到慌張。

「聽說喜歡黑色的人心腸通常也⋯⋯難道？」這樣的疑問時有所聞，而一直以來覺得黑色才是真正潮流的想法會開始產生轉變的契機，是在我婚後第五年。那時為了拍攝工作，造訪一個傳聞中非常會做家事的家庭主婦家時，她的穿著就像是一道耀眼光芒般，非常奪目。七分袖白色緊身亞麻上衣、稍微露出腳踝的黑褲搭上一條圍裙。給人相當柔和溫暖的感覺，身材尺寸大概77（韓

國服飾尺寸）吧？再加上身高雖然不太高，但是一身恰到好處的打扮，根本已經不需要任何言語修飾，就能一眼看出她是個相當有魅力的女人。託她的福，從那天開始除了黑色T恤外，我也開始有了其他想穿的服飾了。

即使一直以來都很排斥棉質、亞麻和絲質布料的衣服（記住，過了三十歲一定至少要有一件絲質罩衫作為外出服），我的衣櫃卻仍舊處在一種不時要洩洪的混亂，因為不管有多少衣服，總是只會挑洗完堆在那裡的幾件穿，說實在的，穿來穿去其實都是那幾件，所以說「大部分的女人在百分之八十的時間裡都穿著百分之二十的衣服」這句話，果真無誤。

日本收納專家近藤麻理惠所著的《怦然心動的人生整理魔法》（人生がときめく片づけの魔法）一書，書中提到當我們要丟衣服的時候，就將櫥櫃裡的衣服全數拿出來，去摸一摸這些衣服，最後留下那些會讓我們依然感到悸

動的衣服就可以了，不要因為覺得可惜所以不願意讓給其他人，也不要覺得猶豫，要直接果斷地丟棄。似乎真的可以用來解決處理衣服時，徘徊在丟與不丟之間的苦惱。

另外，丟多少也是個問題。《一天一點無壓力收納》（까사마미 수납 개조）的作者收納顧問沈賢珠提出建言，當我們要整理衣服時，記得要把洗衣籃和晾衣架一起拿出來，這麼做是讓我們在做收納的同時也讓我們的生活空間擴大的一大妙方。如果現在的妳渴望成為一個會穿衣服的女人，首先，我會勸妳從丟衣服開始做起，只要丟過一次衣服，之後要再下手整理都會變得相當輕而易舉。當然，妳並不需要從現在、當季要穿的衣服丟起，請記得從以前的舊衣服開始整理，只要抱持兩年以上沒穿過的衣服以後不會有機會再穿的想法就可以了。把衣櫃清一清吧，為了替空蕩蕩的衣櫃尋找再次被填滿的理由，丟衣服會是個關鍵的開始。

03

覺得造型越來越難做？
那就偷師時尚專家的
造型小祕訣吧！

衣服從來就不是一件只要套上身就結束的事情，不同的衣服搭配不同的單品便足以改變整個造型，當然，不同的人更會穿出不一樣的感覺。其實，直到不久前妳還是可以聽到許多專家都建議我們可參考時尚雜誌，做為造型的依據。但是這些刊載著幻想的時尚雜誌與現實世界其實截然不同，普羅大眾很難從中比照仿效，尤其對家庭主婦來說，時尚雜誌裡的圖片

可說是天馬行空又或者是另一個世界的事情罷了。因此我認為參考一般人撰寫的時裝部落格或專業書籍，都會比閱讀時尚雜誌來得實用。

世界上最具影響力的時裝部落客，同時出版過兩本街拍攝影集《The Sartorialist》（品味出眾家）的史考特‧舒曼（Scott Schuman）就曾說過：「從來沒有不勞而獲的瀟灑。」聽到這樣撫慰的話語，似乎讓人覺得只要看一看書或是逛逛部落格，就能輕易地找到自己喜歡的風格。

如果自認是與時尚絕緣的初學者，我會推薦各位先去看漫畫家千繼英的網路漫畫《Dress Code》，看看曾經有過設計師夢的漫畫家千繼英細數三十到四十歲女人避之唯恐不及的卡通圖案T恤、廉價手提包、及膝襪、超高高跟鞋、膝上短裙……因為她認為越是上了年紀，穿著過度輕鬆的裝扮，其實反而會降低品味且有失

身分。然而即便如此還是想穿嗎？那就高調地
穿吧！

　　服裝可以說明一個人的內在，懂得恰如其
分地穿著與年齡相符的服裝，才能懂得恰如其
分地掌握社會生活。我們試著把時尚專家建議
的服裝搭配，想像成時尚專家的料理食譜吧！
跟著他們的料理方法去打扮，便能打造出最理
想且耀眼的服裝風格。除此之外，擁有自己的
品味可以說是更為重要的一件事。看過《Dress
Code》中的〈人要衣裝篇〉就會了解，就算再怎
麼不在意服裝的人，至少都會擁有一件適合自
己的衣服，那一件就是自己真正想穿的衣服。

　　韓國小說家殷熙耕即使年過五十還是紮著兩
個小辮子，用髮圈束起兩球頭髮，短裙搭配色
彩繽紛的時尚長筒襪，踩著十二公分高的超高
高跟鞋，還是讓人覺得非常適合而且帥氣。所
以不要去執著什麼年齡和社會地位，而是要試
著去聆聽自己內心深處真正想要的是什麼。就
像是那對仙女翅膀一樣，我們的當務之急是要
去找回那對因為婚姻，因為生小孩、帶小孩而
不知道被藏到哪裡去的仙女翅膀。

　　想要擁有可以搜尋與自己相襯服裝的直覺，
就要投入心力地去試穿。可以選擇到試穿不
買也沒關係的SPA品牌商店（自有品牌服飾專
營商店），像是8IGHT SECONDS、ZARA、
H&M、UNIQLO等等，那是一個就算在那裡
待上一整天試穿三十套衣服也完全不需要看任
何人的臉色，就算口袋沒什麼錢的時尚菜鳥也
能輕鬆駕馭的地方。尋找風格的基本原則就是
多多試穿，如果已經清掉衣櫃裡不需要的部
分，那麼下一步就是在還沒有做出讓人後悔的
購買行為前，先找到真正適合自己的風格。

只要基本款！
頂尖韓國設計師
教你時尚穿搭術

FASHION LIST

25~45
years old women

25 ～ 45歲輕熟女＆熟女不可不知的時尚法則

1 思考自己真正想穿的款式
要先抱持對服裝的渴望，才能創造出風格。去觀察那些懂得穿著打扮的人他們的風格，然後訂定目標，想像著自己也要創造出那樣的風格。

2 重視材質多過設計
買衣服時，只看設計那是小孩子才做的事情。隨著年紀增長，應該要培養重視好材質多過設計的擇衣眼光。

3 檢查是不是符合TPO原則
請相信衣服也有自己的感情，無論多麼昂貴的衣服，不在恰當的Time（時間）、Place（地點）、Occasion（場合）現身的話，衣服自己會覺得很羞恥。

4 擁有多套穿著的快樂比不上真正派得上用場的一、兩套
沒有經過深思熟慮就買下的便宜貨，它的有效期限真的比想像中來得短。比起光憑低廉的價格和一時衝動購入的衣服，還不如一年只買一套真正值得購買的衣服。

5 檢視一下是不是在何時、何地與何人見面都顯得合宜
抱持著「萬一在某個地方偶遇初戀男友？」的想法，那麼就會把自己好好打扮後再出門。穿上能讓自己產生自信的服裝，可以讓人一整天都閃閃發亮。

6 比起多多益善，更應該學會割捨的飾品配搭原則
不會穿衣的女性經常犯的錯誤之一就是過度的裝飾，項鍊、耳環、手鐲、胸針、髮帶……全部披掛上身，光是想像都讓人覺得反感。

7 不小心（！）露身體是一件很優雅的事
恰如其分地露出脖子、手腕、腳踝，可以展現出優雅的韻味。既然如此，何不乾脆展現對自己身體最有自信的部位呢？

8 依照季節使用萬用的搭配單品
從自己的衣櫃裡搭配三、四套無論哪個部分都能和造型法則不謀而合的衣服。依季節這麼做的話，會讓服裝穿搭變得輕鬆容易。

9 想要挑戰新風格時，記得好好活用服飾店的試衣間
想要嘗試完全沒有穿過、充滿未知的服裝風格時，一下子大大採購絕對是禁忌，前往購物中心挑選想要穿著的風格後，要一一地試穿，再用眼睛好好打量自己全身上下才是上策。

10 在玄關擺上全身鏡，享受最後一道檢查關卡
奉勸各位一定要在玄關牆上掛上全身鏡，把鞋子都穿好後，最後的步驟就是審視自己的最終定裝是不是個看起來是個賞心悅目的女人。

紐約時尚第一品牌設計師黛安・馮芙絲汀寶的穿衣十誡

1 相信自己

感受自己的魅力和變得更有魅力的祕密在於：相信自己，並對自己的所學所知感到自信。

2 接受時光流逝的事實

學著去感激隨著年紀增長越來越熱愛生活的心情，與伴隨歲月流逝而帶來的美好。

3 好好記錄自己的每一天

將隨身攜帶相機變成日常生活的一部分，譜寫處處留心皆靈感，賦予我們的人生日記。

4 一個人的行李象徵一個人的人生

想要了解一個女人最好的方法，就是打開她的行李；如果她能夠有條不紊地把行李整理好，表示她是一個相當懂得體諒、懂得充實自己人生，並且知悉何謂簡單生活的女人。

5 時尚的朋友們，要挑選能讓自己感到幸福的時尚

衷心希望我所設計的服裝能夠成為顧客們最喜歡的品牌，如此一來，當他們打開衣櫃時，就能感受到彷彿見到了某個特別人物般的喜悅。

6 穿著與自己性格相符的衣服

不要去選擇與別人相同的風格，而是要去選擇永遠都能突顯自己個性的風格，沒有什麼比學會掌握自己的獨特性來得更重要了。

7 善用女人的力量

母親曾經這麼教導過我：「女人，就是優先權的代名詞。」因為整個世界都以女人為中心在運轉，這是女人與生俱來的寶貴禮物，妥善運用並以尊重的方式好好善用這股力量吧！

8 手提包就是妳的導覽員

出門前先檢查一下要做的事，按照當天要處理的事情去整理自己的手提包；擁有做事井然有序的智慧，便能讓我們能輕鬆管理人生的一切。

9 自得其樂

如果不想經常與肉毒桿菌為伍的話，記得不時要預定好按摩療程，那麼所有的東西都將會乖乖地堅守在它們原本的位置。

10 保持人生的平衡

能夠不斷地活動，那是人生最棒的事了。不要停止工作，並且要敢於冒險，勇於旅行。多喝水、減少酒精與糖分、學習瑜伽。

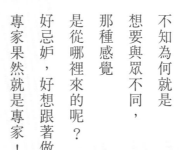

不知為何就是
想要與眾不同，
那種感覺
是從哪裡來的呢？
好忌妒，好想跟著做……
專家果然就是專家！

style & styler

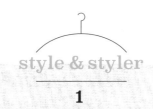

有女人味
又不失獨特性的
亞麻風格

〔linen〕
1.亞麻纖維
2.亞麻材質製品
（襯衫、床單、枕頭套等）

流行服飾 LINEN NATURAL
經理吳善英

profile

身高 158cm

體重 55

her story

　　結婚之後報名服裝補習班是她第一次與服裝的接觸。在那裡的她，終於有機會開始傾聽自己心裡的聲音。雖然曾經有過「非親手做衣服不可」的想法，但是到了後來才知道到原來自己真正渴望的其實是「服飾管理」。整間服飾店布置滿滿自己喜歡的風格，在那個地方與志同道合的女人們相遇……想像，光用想像的都讓人覺得心情激動不已。

　　於是她不顧周遭的勸阻聲浪，跑到自己喜歡的生活風格概念店打工，雖然很辛苦，卻是相當有價值的一段時間。最大的收穫或許就是領悟到，衣服真正代表的意義其實就是把「品味」融合在「空間」裡！一盞燈、一個抱枕、一個盆栽……善用與自己品味相符的獨到眼光，將挑選出的小擺設蒐集好，不僅打造出的協調氛圍賞心悅目，在這樣的空間裡也帶給人自在的感覺，而衣服即是如此。

　　因為這樣的關係而戀上亞麻，對她而言，亞麻就像是初戀般怦然心動的原因是什麼呢？著迷於亞麻材質的衣服和亞麻材質特有風格的她，成了亞麻材質的專家，開始探尋世界各地的品牌，抱持著想讓韓國人也能認識如此有魅力品牌的想法，一間淡雅的店鋪因而開張。

　　開始的時候雖找了各式各樣的亞麻品牌，但現在經手的大部分是「Lisette」品牌的衣服。即使她表示自己主要是以穿自己所販售的衣服為主，不過她私下偷偷告訴我們，「再怎麼樣還是會精挑細選自己最喜歡的來穿！」

　　想要在有「速食時尚天堂」的韓國保存亞麻的純粹絕非易事，祕訣在於她會在每一季推出季節限定的印刷圖案和設計，甚至還會替每一件衣服別上名字，讓衣服都能保有緩慢且能夠歷久不衰的特色。屏除現實層面的價值問題，做自己喜歡的事情，就是能夠保持一直持續做下去的動力。

　　由她一手包辦採買、店家經營、宅配等的一人公司，其中的難處絕對比你我想像來得辛苦許多。即便如此，卻像是在養育孩子似的，她將迄今所努力的一切都視為是能與她走一輩子的好朋友、同伴相遇般，那樣的喜悅。

※ LINEN NATURAL //www.linennatural.co.kr

LINEN NATURAL

Q1：什麼時候開始愛上亞麻的？

當時在日山一間名叫「sketch」的賣場裡打工時，對亞麻一見鍾情。天然的材質，當然還有那獨特的觸感，加上纖維牢固的特質，清洗起來也相當方便，另外還有穿得越久還會漸趨柔軟的神祕魅力也是其中之一……因為我了解到亞麻材質的衣服擁有越穿越舒服的優點，才讓我因此愛上亞麻。

Q2：請為我們介紹一下「LINEN NATURAL」主要經手的品牌「Lisette」。

「Lisette」是由日本知名服飾品牌「linen bird」的女老闆所創立，品牌名稱源自法國小女孩的名字。經常推出百分之百亞麻材質的衣服，百看不厭的設計、高級的材質，富含女人味又不失獨特性是它的產品特色。

冬季服飾也會推出亞麻以及適合多層次穿搭的針織，那一針一針織出來的柔軟布料，觸感真的很

棒。「Lisette」並不會給人亞麻的土氣印象，反而給人感覺像蘊含東方韻味的法式優雅風格。不過到目前為止，亞麻主要被侷限在居家服裝或是日本風素材的設計上，這是我覺得比較可惜的地方。其實亞麻材質的衣服既可以休閒也可以很正式，加上絲毫沒有年齡的限制，大範圍地適合二十幾歲到五、六十歲人的穿著，也是亞麻的優點之一。

Q3：亞麻材質衣服的造型祕訣？

不僅是亞麻材質的衣服，其實只要稍微對穿衣造型感興趣的人，自然都會知道即使是一模一樣的衣服，也會因為搭配不同的鞋子、內搭不同的衣服而呈現出截然不同的感覺，像是材質的搭配、包包、鞋子、胸針或是項鍊無一不重要。因此比起累積衣服的數量，選擇投資飾品似乎也是個不錯的選擇。因為只要搭配不同的飾品，就足以讓買了好幾年的

衣服再次展現出全新的風貌。

Q4：如何讓自己保有時尚的敏銳度？

每次去旅行或是出差的時候，我都會特別留心觀察當地人的穿著打扮。看見令人目不轉睛的帥氣造型時，我會把眼睛當作相機，仔細地記住那個人穿著什麼樣的衣服？怎麼穿搭？然後將這些記憶全都記錄成冊。

在日本的「Lisette」店裡，我花心思去看大家是怎麼搭配衣服？穿什麼樣的鞋子？搭配什麼樣的首飾？到歐洲去的時候，當地人的服裝風格真的讓我時不時就想要翻開鑑賞名冊做筆記，不然的話靈感可是一下子又會被分散掉了。

舉法國女人的打扮為例。相呼應的設計與顏色，雖然很簡單，但是光是首飾的搭配足以突顯個人特質了，那種模樣真的擁有讓人完全沒有辦法移開視線的魅力。在法國拿著名牌手提包的人固然很多，但是給人的感覺不僅是名牌手提包而已，自在地拿著國產品牌（Made in France）那種諧和的氛圍，才真正令人著迷。

Q5：這麼漂亮的店鋪都是您親自裝飾的嗎？

這家店是我的第二家店，第一家店採用比現在這家店更為明亮的家具做擺飾，不過隨著時間，自己對空間設計的品味好像也產生了些微的轉變。開始想要挑選一些能夠讓素淡色系的亞麻服飾看起來更醒目的家具，當初要找尋深色仿古家具的艱辛，我到現在還記憶猶新。

我會先細心地看過周遭親友推薦的書籍或是電影，幾經思量後才換得店內小物或衣服的擺設靈感。不久之前看過的日本電影《西方魔女之死》（西の魔女が死んだ）有一幕讓我至今依舊難以忘懷。

將洗過的亞麻床單晾在薰衣草堆上的畫面，讓我覺得可以如此用心去對待自己使用的物品，也是一件很棒的事，我也興起想要在散發幽幽天然薰衣草香

的地方睡一次看看的小小願望，而不是睡在芳香噴霧上。看完這部電影之後，又出現了想要擁有好的亞麻枕頭和床單的貪念了啊！

Q6：好像您一直不斷在尋找新的品牌？

不只是店裡的裝潢，產品的部分也有一些不同。開始的時候主要以亞麻材質的衣服、圍裙和廚房服飾為主，但是漸漸地朝生活風格拓展。到倫敦和巴黎出差的時候，總是會努力地到隱藏的小店去挖寶。

在巴黎遇到的手提包設計師Isaac Reina，專門製作極簡卻非常輕盈的皮革手提包，就是一個非常性格的人。「輕鬆的肩膀、自由的手！」是他的理念，但是他也同時提到要設計出這樣的產品並不是一件簡單的事情。

雖然我不是親手製作產品的人，但對於流行是敏銳的，我更想要做的是能夠將可以長久保存且值得留

在回憶裡的產品介紹給大家。

Q7：對於想要嘗試亞麻材質的人的建議？

到倫敦出差的時候，有了這樣的想法：「啊！原來真正時尚人，是要在上了年紀之後越能從流行裡感受成熟、開闊自己的氣度。」因為像韓國的時尚，是把焦點都集中在年輕族群。我個人希望韓國人也能隨著年齡增長而有越來越多的潮人出現。

亞麻就是所謂經得起歲月考驗的衣服！而不是像明星的人氣一樣，轉瞬即逝。亞麻是一種看起來平淡無奇，內在卻飽含哲理的衣服，不是那種某天一早醒來突然可以説：「我下定決心要變成亞麻風格！」而是要慢慢地，一點一滴地感受、觀察並且學習，去探索適合自己的風格，需要按部就班地去找尋真正能夠值得長久保存的單品吧！

season before

「等待著四季變幻的過程，也要事先備妥衣服。

但是，請不要只為了新衣服而心花怒放，

因為將曾經穿在身上的衣服收納整齊，

再重新拿出來，同樣也會帶給我們煥然一新的欣喜；

因為即使只是簡單的鞋子、包包、飾品或圍巾，

同樣也能營造出煥然一新的造型風格。」

always
my farvorite

「充滿女人味設計感的亞麻裙、簡單的珍珠貝鈕襯衫、

再搭上有點分量卻越穿越有味道的亞麻外套……；

隨著年齡逐漸增長，

有著越來越多婚喪喜慶或是聚會場合，

唯一一件能夠陪伴我出席這些場合的外套……；

好好收藏能夠充分展現自我的最佳單品。」

很久以前就一直想要穿牛仔吊帶褲，但
市面上販售的牛仔褲品牌不知為何總給
人一種太年輕的感覺。媽媽們穿上身的
話，好像有種跟女兒借衣服穿的感覺。
搭配端莊的娃娃領襯衫，可以展現出恰
如其分的品味。

Lisette

「我的衣櫃裡沒有花紋，只有充斥著平淡色彩的衣服，

亞麻和針織材質是我一整年穿著的唯二選擇。

如果認為亞麻是盛夏時節的限定款，絕對是一種成見，

夏天的時候搭配襯衫，

秋冬的時候則能和針織搭配出五花八門的穿搭方式。

只要擁有基本單品，

其實每一季都不需要添購太多的衣服，也能搭配出專屬的個性與風格。」

1

2

3

4

5

6

7

8

9

基本款中的基本款，
讓人想要久久珍之重之

1　下擺鏤空的漂亮基本裙款，略微遮住膝蓋長度的白裙，是基本款中的基本款。

2　不僅在腰的部分做了打摺的處理，及踝裙款絕對是想要展現女人味時的不二之選。

3　看起來平平無奇，但是越穿越能讓人領會個中美妙的過大尺碼（Over-sized）基本款洋裝。

4　亞麻圍裙不只在做家事的時候可以穿，拿來當洋裝穿也是不錯的選擇。

5　暖和針織披風比圍巾更舒適、更有型。

6　基本的設計搭配成熟色調的針織洋裝，灰色的針織衫似乎比黑色的針織衫更顯帥氣。

7　不假任何裝飾的簡潔，卻有著手織的柔軟。

8　毫無累贅的極簡亞麻罩衫。

9　往上捲兩摺的棉質牛仔褲搭配亞麻軍裝外套，是除了盛夏和嚴冬之外皆能派上用場的外出服。

日常服裝也可以穿得很特別，
能隨時穿搭出個性的飾品與配件

Accessory

簡單的服裝也能變得有型，胸
針、項鍊、手環等小飾品功不
可沒。最近吹起的復古風讓佩
戴胸針的人變多了，手工製的
珠寶首飾同樣能增添造型的帥
氣。無論是雨傘、陽傘或是帽
子等，只要能好好挑選，就能
讓自己散發閃耀的光芒，打造
出專屬風格。

French Handmade Basket

比起鑲著商標的名牌手提包，
耐用、有韻味的竹籃風手提包
更合我意。當然也是因為竹籃
風的手提包搭配亞麻、針織等
天然材質相當適合。收納的時
候，喜歡運用竹籃來裝東西，
尤其是看著燈光下映出竹籃的
織紋光影，就像是在鑑賞一幅
畫般，令人感到心情平靜。

只要基本款！
頂尖韓國設計師
教你時尚穿搭術

Shoes & Shoes

從很早以前，我就不太喜歡在百貨公司買鞋，因為我更喜歡的是下一
番苦功才買到的鞋，這樣才能找到屬於我的私房品牌……。最近有越
來越多的風格小店出現，想要添購特別的鞋款也變得相對簡單了，像
是 Roberta Settles、Castaner、HESCHUNG 之類品牌生產的鞋
子，都是讓人越穿越喜歡，而且還會想要把鞋子一直、一直好好保存。

空蕩蕩的衣架，
最能激發天馬行空的想像力

樸素、純淨的亞麻衣服，
越穿越令人著迷

亞麻長版連身裙罩衫＋針織內搭褲＋白鞋

類似洋裝的長罩衫可以修飾身材，想要散發濃濃女人味
時的絕佳單品，也是我經常會選擇的衣著。針織、外
套……無論搭配任何衣服都很適合作為一年四季的裝扮，
選擇明亮色系的內搭褲更能給人悠然的感覺。

芥末黃亞麻洋裝＋亞麻襯褲＋陽傘

認識 Lisette 這個品牌後，才讓我對襯褲、襯裙、胸針、
陽傘等時尚配件開竅，快樂享受女人專屬的服裝小心機。

linen+@

「亞麻，就像是恬靜的大自然。

讓人越穿越著迷的一種材質，就連亞麻自然的皺摺都讓我為之傾倒，

那種感覺大概就像遇見一個泰然自若的人吧！」

胸口百摺長版罩衫＋直筒褲＋黑色平底鞋

厭倦於端莊的設計時，我會敢於嘗試不同色彩的搭配；不過，因為不是時尚模特兒，所以我盡量不挑選有圖案的衣服。滿溢女人味的黑色罩衫搭配紅色的褲子，是我相當喜愛的造型。

牛仔洋裝＋亞麻裙

洋裝是能夠簡單打扮塑造出造型的單品，比起無袖洋裝，我更喜歡七分袖洋裝，還有那若隱若現的襯裙，非常有型。

亞麻服飾輕撫身體的觸感，帶來好心情

涼爽或溫暖……
當針織遇上亞麻

條紋高領衫＋牛仔褲＋針織披風

似乎只有我在迴避緊身牛仔褲刮起的旋風……。出外散步的悠哉模樣，隨興捲起的牛仔褲搭配大小雅緻的亞麻手提包，而不是名牌包或是沉重的皮革提包。自然的氛圍、淡雅的姿態是我想要展示的風格。

開釦針織衫＋奶油色裙＋圍巾＋平底鞋

換季期間最喜歡的造型風格。一條圍巾就能讓裝扮高貴許多，隨著年齡的增長，越來越喜歡把重點投資在圍巾或是披肩上，讓祥和色調突顯貴氣……一條圍巾！

knit+@

「亞麻有著可以利用把好幾套重疊穿上身，

營造各式風格的特色；天氣稍微轉涼的時候，

搭配上針織衫或是針織配件，就能打造出豐厚的美感。」

亞麻針織衫＋亞麻裙

我喜歡沉著的色調。喜歡穿著單色系的服裝時，給人隱約的溫和感，即使只是小細節也能給人擋不住的女人味。可可棕色和水藍色流露出涼爽感，而且還是顯瘦的造型。

亞麻針織洋裝＋亞麻裙

條紋永遠是衣櫃裡的大贏家。採用亞麻原纖維織成的條紋針織洋裝，就算在炎炎盛夏穿上身也覺得十分清爽，不會讓人感到黏膩，相當討喜；搭配黑色長裙更能展現豐厚的韻味。

我偏愛的「Lisette」品牌襯衣

1　不會讓腰部感到束縛的襯裙，想要讓裙線看起來豐富，或是擔心在陽光底下會有透光危機時的最佳選擇。

2　打摺結合蕾絲的裙擺，適合想要隱約露出時的個性襯裙。

3　每當穿著波浪裙款似的荷葉邊褲擺時，總是給人貴婦般的氣質。

4　亞麻襯褲不僅可以當睡衣穿，搭在洋裝或裙子裡也很不錯。

5　無論是亞麻獨有的灰色或是任何其他顏色的針織內搭褲，都能彰顯成熟的味道。

like linen

「當妳開始感受到亞麻材質衣服的魅力，也推薦妳具多樣化
設計的亞麻襯衣。請拋開『襯裙、襯褲連老奶奶都不穿』的
偏見，因為襯衣可是能營造復古的時尚感。亞麻襯衣有絲
綢般的觸感，即使在盛夏酷暑，身體也感受不到絲毫不舒
服的負擔，反而能帶給身體清爽感，讓人心情整個變好。
再加上亞麻材質的衣服能夠悄悄地遮住小贅肉，增添造型
的美感，絕對是我要強力推薦的基本款。」

雖然沒有什麼特別……
但卻是我費心打造的私房空間與風格

no flower, no life！

「日本著名的造型師松島正樹將女人的人生比喻成花朵。我也很喜歡花，
繞繞花市找尋一些當季的花和樹枝枝椏與顧客分享，或將自己喜歡的花
製成乾燥花，就是一種情感的釋放。提到製作乾燥花，我來分享一個小
故事。Lisette曾經出版過幾本服裝製作的書籍，介紹利用亞麻原料可以
製作出形形色色的圍裙、襯衣、洋裝等，光是閱讀就讓我感到相當興
奮，而且還附有實品的衣服版型。建議手藝不錯的各位可以試著親手做
做看，一定很棒！希望有越來越多的人像我一樣，為亞麻痴狂並且能盡
情地享受亞麻的魅力！」

一定要在衣服上圍上圍巾！
這就是我的穿衣風格

「今天又～圍圍巾啦？」

這就是 F.book 的大家每天早上看著我的裝扮說出的問候語，好像是在嘲笑（？）我總是喜歡在完成全身的裝扮之後，再利用圍巾來增添造型重點的習慣。無論如何，反正在他們眼裡，圍巾是我做造型的第一步，也是最後一步。但是我的答案絕對是：No！有次和公司裡的夥伴一起去日本出差的某一天，發生了這麼一件事：

「我啊，已經把這兩、三天要穿的服裝都已經搭配好囉！」

話還沒說完，所有人的眼睛就已經迅速聚焦在我身上，嘴巴還半開著，好像三魂被嚇走七魄般的驚恐。

「搭配好的服裝？猛然一看真的會覺得妳只是在今天已經穿過的褲子上又換上一件同樣的 T 恤而已，然後圍上圍巾對吧？妳指的是『那種』搭配好的服裝嗎？」

「什麼東西啦！你們這些人講話根本一點公信力都沒有嘛！各位看起來像是每天一模一樣的造型，我可是經過全盤思量，慎重到不行才搭配好的衣服，好嗎？」

「所以說啊，你知道我們說的是什麼嗎？就是妳拿昨天穿過的上衣搭在前天穿過的褲子上，還加上一天到晚都在穿的運動鞋啊！然後再～圍上圍巾！」

無論如何，既然是去國外出差，當然要自己穿得開心就好……出差回來之後，看到出差時拍下的照片，果真像是每天都穿著一樣的衣服，少不了圍圍巾！唉，仔細地看了看照片，赫然想起職場菜鳥時期的我和妹妹的一段對話：

「姊姊，我明天可以穿這件襯衫嗎？」

這傢伙居然不知死活的想要跟我借衣服穿。

「不准！那件我明天要穿！」

「明明就每天都穿一樣的衣服……明天又不是一定要穿這件！」

「才不是這樣！我可是每一天都在睡前就把明天要穿的服裝造型都搭配好，然後掛起來放著，好嗎？」

我想起了那個時候，妹妹露出了和 F.book 夥

伴一樣的表情。我猜那孩子一定也覺得我永遠都在穿一樣的衣服，心裡認為我根本只是在穿自己認為最舒服的服裝，覺得我這個人就算眼睛張得再大，這一輩子也跟什麼造型、風格之類的東西絕緣了吧？

如果要我澄清些什麼的話，只能說因為我這一輩子從來不曾擁有過珍寶珠型（Chupa Chups，全球知名的糖果品牌）的身材，一直都是走「大塊頭」的路線，就算是最瘦時期也擠不進「好身材」的行列。172cm的身高加上隨著大學畢業每年以2kg相當有規律地上漲趨勢，每年已經呈2kg、2kg的等比增加了。生完第一個小孩後，體重更是急遽上升，過了五年，生完第二個小孩後，就再也回不去了！玉竹啊，玉竹（在韓國玉竹茶有可讓身材變苗條的說法）。現在想要照著自己的想法穿衣服，似乎也已經變成一件難事了。像我這樣的身形，穿衣風格也沒什麼大變化，即是在過了二十年的現在，每天還想擁有「超級無敵宇宙世界酷」的風格，那根本就是天底下不可能存在的無稽之談。

怎麼講起過去了……總而言之，我是一個每天都要必須工作的女人，不過很慶幸的是在我還是社會新鮮人的時候，是個時常都在工地打滾的室內設計記者，讓我不用每天都得要穿著整齊，欣慰地覺得是不幸中的大幸。拍攝作業如火如荼在進行的時候，也試過偶爾會整個禮拜都穿同一條牛仔褲，反正就是在打滾嘛！

那時沒有什麼特別要花錢的事情，還是個奢侈單身貴族的我，面對截稿壓力時，身體總會出現「結構性」的變化。基於這些理由，我一個月大概會去一次百貨公司，做出一些不經大腦，純粹只是為了消除壓力的掃貨行徑。一開始的時候，都會先到花樣少女服飾區瞧一瞧，然後心裡想著：「在這個55、66的世界是不可能有我的衣服的」；接著到成熟貴婦服飾區：「77、88的尺寸雖然穿得下，可是這好像也不是我的風格吧！」然後晃到男性服飾和休閒服飾區，雖然最初只是沒有多想什麼就走到這一區，但是仔細想想，男性服飾區根本就是「可以一次滿足尺寸和風格兩個願望的天堂嘛！」

如果說有什麼美中不足的地方，大概就是價錢的部分吧？隨便一件尺寸100或105的T恤就要價十萬韓幣，跟女裝的價格簡直是天壤之別。不過既沒有小孩，也沒有老

公，更沒有可以花錢的時間……價錢，不重要！像是「C.P.COMPANY」的所有商品和「INTERMEZZO」的休閒系列都實在太讓我動心了。終於在一陣天人交戰之後，用十個月的分期付款花一大筆錢，買下了一件男裝外套，讓我開心地笑得嘴巴都快要裂了。還有東大門市場的男性服飾店也是我人生中的一大安慰，扣除沒有裙子這件事之外，那裡根本就是應有盡有的夢幻樂園。

就在我盡情享受百貨公司和東大門大尺碼衣服的時期，網路購物商城出現了，而且名字還是相當惱人的「大尺碼專賣店」。不過這類的商店開始出現後，讓我現在可以脫離「男性款」的行列，在除了「百貨公司貨」、「東大門貨」之外，多了新的選擇；就算被貼上「媽媽」這個標籤後，還是可以擁有關心漂亮衣服的權利。話雖如此，到了現在我還是會在逛過花樣少女服飾區、成熟貴婦服飾區後，一如往昔地晃到男性服飾區。

如果有人認為我們這些人是基於身材的侷限或是障礙，無可奈何地只能一天到晚穿著大同小異衣服，誤以為我們「懶得試穿衣服」，那可就大錯特錯了。經常挖苦我穿著的F.book工作夥伴都知道，我所喜歡的顏色、單品、材質等的背後，都有一件讓人感到棘手的外套，為了搭配某一件外套所添購的相關服飾足以塞滿整個衣櫃。因此，雖然我的穿著好像每天看起來都一樣，實際上這些截然不同的裝備，可是會大大地影響我隔天的裝扮呢！

所以說，大家對那件外套的認同與否，取決於穿在我身上的時候，一、是否看起來寬鬆卻顯胖、看起來很貴氣卻設計不佳；二、無論是有光澤或蕾絲等裝飾的衣服在我身上看起來會很惱人；三、由於尺寸難尋，適合的商品同時也要兼具擁有可以長久穿著的耐用材質；四、顏色方面以海軍藍、灰、黑為上上之選；五、要能夠搭配現有下著的上衣款。

到了這個地步，無論我每天如何費心搭配，是不是還是化解不了大家覺得我總是穿同一套衣服的誤會呢？所以為了證明我每天有換衣服穿，我決定把最後的重點放在用來改變打扮的

基本要素，像圍巾、絲巾、襪子、鞋子等等。

　　大略再提一下，長長的圍巾可以遮住過於隆起的胸部，掩蓋全身上下想要轉移大家視線的部分。再加上它的價格平易近人，花樣也很五花八門，不僅可以用經濟實惠換來個性化的打扮，還可以在依舊男性化裝扮的我的身上，增添幾分女人味。

　　另外，像襪子，是相當能夠型塑感覺的配件，所以如果可以在平平無奇的上衣，搭配深藍色或紫色的襪子，反而能夠成為賞心悅目的重點。雖然最近的我已經比較節制一些了，可是我還是喜歡沉浸在色彩繽紛的低跟鞋裡；只要穿上亮藍色的低跟鞋或是深綠豆色的平底鞋那天，整個人看起來就非常有型，因此它們可以說絕對是我愛不釋手的寶貝單品。

　　幸好最近開始出現了合身尺寸的衣服，讓我改掉買衣服時，一直買分不出前後，每個顏色還買個三、四件的習慣。另外，一些顏色很難掌控的各色鞋子數量也在趨緩當中；買得比衣服還要多的圍巾好像也應該考慮要自制一下了，我是說「考慮」。

　　現在的我，已經有兩個孩子了，男友也變成老公了，要花錢的地方也變多了，買衣服啊，是該嚴格的（？）控管的時候了。一年一次狠下心踏出門的那一天，就到什麼都有的馬莎百貨（Marks & Spencer）當一下女王，玩一下，像電影《麻雀變鳳凰》裡的茱莉亞‧羅勃茲一樣，「這個不錯、那個也很好……」大鬧賣場，試穿數十套的衣服。當然，當季節轉換的時節，在心情還是會有股莫名的空虛感襲來，不自覺就進到網路的大尺碼商城裡了。

　　哎呀，衣服的話題說著說著又想買了，看來在交稿之後，勢必得去一趟大姊們喜歡的BLUEPOPS（www.bluepops.co.kr）買一件褲頭有鬆緊帶的飛鼠褲了，沒錯！就是我始終如一的那種風格。

～by「每天都牢～牢圍著圍巾過活」的金妍

只要基本款！
頂尖韓國設計師
教你時尚穿搭術

style & styler

2

「簡單」穿著，
打造素雅風格

〔simple〕
1. 簡單的、單純的
2. 質樸無華的
3. 直接的、誠實的

飾品品牌 CAMY
設計總監金文廷

profile

身高 175cm

體重 55

her story

「穿衣的哲學就是簡樸的設計加上去蕪存菁的素雅風格。」

這是飾品品牌「CAMY」總監金文廷的座右銘。她是當主婦們都還沒開始熱衷於網路時，就已經開始不斷上傳自己手做的衣服和手工織品、室內設計、生活瑣事等內容到個人網站（www.lunahome.net），因而獲得廣大迴響的本尊。從二十歲開始就擁有相當出眾的縫紉、刺繡等女紅手藝；有了小孩之後，隨著親手製作的寢具、窗簾、沙發套等，獲得越來越多人的讚許，進而在景福宮附近成立了「LUNA HOME」生活風格概念工作室。

現在的她，在卸下LUNA HOME老闆的頭銜後，既是人婦也是夏媄、佳媄、泰媄三個女兒的母親，兼任妹妹經營的飾品品牌「CAMY」的設計總監，一人身兼多角。近來正在體悟世界上最辛苦的工作「父母」一職，讓她有了時光越是流逝生活越是應該變得簡單的人生目標。

※CAMY：camy.co.kr

CAMY

Q1：擁有這麼厲害的做衣服的手藝，是不是擁有很多的衣服？

當我告訴老公，「我要去幫服裝書拍照」時，他可是回我：「妳有什麼好給人家拍的？」妹妹聽到我把結婚時買的羊毛外套改造成背心，到現在已經足足穿了十六年，完全嚇壞了。所以她交代我一定要跟大家分享這件事，不難看出我在購買衣服上似乎有些吝嗇的成分。再加上喜歡縫紉機、做女紅，就算衣服退流行，只要稍作修改，就可以繼續穿。

Q2：喜愛什麼樣的風格？

可以穿很久且不需要追隨流行的簡單風格最深得我心。即使流行的轉變速度飛快，而在其中卻也有著能夠經得起考驗的永恆不敗風格，那就是「簡單

風格」。只要擁有白襯衫、V領針織衫、牛仔褲、Burberry外套、大衣之類的基本款，無論過去或現在，風格上似乎都沒有太大的轉變，而是在同樣的商品上稍微做一些線條上的變化。

Q3：是否有特別鍾愛的單品？

或許這麼說大家會覺得我是個很老派的女人，但是我真的很喜歡在家也能穿的服裝，不是什麼多創新的東西，例如在廚房做事或打掃的時候都會圍圍裙，我會常常做好幾件的圍裙備用，根據當時穿在身上的衣服或心情挑選不同的圍裙穿搭。到了晚上，我會把煮抹布視為一整天工作的句點，把廚房的工作收拾好後，換上睡褲和輕便的T恤。除了酷夏的時候，我也會像外國電影般穿

上睡袍，所以如果發現觸感很不錯的睡袍，一定多看幾眼。

Q4：可以幫大家介紹一下飾品品牌「CAMY」嗎？

我的父親在很早的時候就從事貴金屬產業了，我們的童年時期經常在爸爸的店面和工廠裡晃來晃去，因此在妹妹決定創立一個小品牌的時候，理所當然地就將我喜歡的風格與當季流行的風格製作成珠寶，而「CAMY」就是這樣開始的。

我的工作內容就是訂定CAMY的新品概念，以及珠寶設計、打模等，雖然不是什麼相當獨有的風格，但是能夠做我想做的首飾、將抽象化為實體，真的相當有趣。

在我兼任這個工作的同時，也創設了自己喜歡的織品品牌「LUNA HOME」，兩個工作同時並行而筋疲力盡的我，後來只好把「LUNA HOME」先收起來。孩子們小時候有小時候的樣子，長大了有長大的樣子，我想陪伴他們成長。在沒有任何人的協助下想要獨力經營自己的品牌實在太吃力了。

Q5：F・book 的夥伴全都是「LUNA HOME」的擁護者

因為很喜歡織品和女紅，所以會自己親手做衣服來穿，也做了很多衣服給孩子穿，秉持著這樣的信念，進而想要和美國、歐洲等地的人一樣，將自己的名字設計成織品上的圖案，所以我也曾經把「LUNA」印在織品上。在家的時候，販賣織品製作的商品，一方面對家庭主婦的生活而言很方便，另一方面卻又擔心這麼做是不是能夠兼顧到家人的心情，真的很天人交戰。不過那段煩惱的時間卻也很快樂，亞麻、漆布、棉、針織布⋯⋯摸著各式各樣布料的當下，真的好幸福。我相信，或許將來⋯⋯「LUNA HOME」會有重新出發的那一天。

Q6：成為「CAMY」設計總監的生活又是如何呢？

同樣擁有兩個孩子的妹妹，平常的時候沒有什麼閒暇可以想東想西的，這樣的她反而一有空就會抓緊時間去瞧一瞧聽說不錯的咖啡廳、逛一逛百貨公司或街邊小店舖，掌握趨勢，順便把值得做參考的東西記錄下來。其實就算不是為工作，對女人來說，那樣的時光絕對是必要的。不是孩子的媽，也不是誰的妻子，而是以回歸到自己，重回到一個身為女人的時光……能夠擁有這樣的工作我真的很感恩，也很幸福。

Q7：您有這麼多位千金，買起衣服來一定跟打仗差不多吧？

優點是在打折的時候，無論買到任何的衣服，絕對都可以在某個時期適合某個人的身形，主要會選在ZARA、UNIQLO、GAP等大拍賣的時候添購衣物。不過，他們各自的愛好有些差異，大女兒現在已經開始想要跟媽媽穿類似的衣服了，二女兒則是喜歡運動風的內搭褲和插肩T恤，至於小女兒喜歡白色女式襯衫搭配牛仔裙，比較女性化的風格。

Q8：簡單的穿衣風格為什麼總是會給人一種沒個性的感覺？

衣服要和穿衣服的人相互輝映，才足以彰顯出美麗的價值。過度的裝飾會將衣服埋沒，過分高調的衣服則讓人變得透明不存在，這些都是失敗的例子。因此在這其中，我深信簡單的風格最能確切展現自我的風格。當然，每個人都有自己的個人偏好，還是會有一些不同想法。簡單風格的服裝搭配上飾品，就足以改變整個造型的氛圍，也是它的優點之一。對於崇尚簡潔、基本風格款衣服的我而言，利用手提包、鞋子或珠寶之類的物品增添韻味，就是一件快樂的事情。

任何時候都能如此清爽……

白襯衫的力量

everyday white shirts

「非常多的人認為穿著白色衣服做家事，立刻就會變髒而相當排斥，不過看看餐桌、寢具，白色織品的處理並沒有想像中的麻煩。最近相當喜愛的UNIQLO特級彈性牛仔褲，和無論怎麼動都看不出腰部線條的白色寬鬆長版襯衫，是我在家裡很喜歡的穿著。整理衣服的時候發現原來自己累積了好多的白襯衫，從自己親手製作的，到現在很喜歡的品牌無印良品、ZARA、UNIQLO打折時，用韓幣兩萬元以內的價格就可以買到。如果愛惜一點的話，可能十年都穿不完吧？因此我真的很想藉這個機會，把這位一直陪伴在我身邊的好朋友介紹給大家。」

1　　2　　3

5　　6　　7

1　100%亞麻質料的白色罩衫，涼爽的材質即使酷暑也完全不會黏在身體上，搭配拉格倫袖的設計，穿起來相當舒服。

2　中式小立領的罩衫是我最喜歡的風格，輕柔的麻棉材質讓人穿上身就能隱約散發出女人味。ZARA。

3　胸圍部分的密集摺紋，非常適合胸前比較單薄的人。無印良品。

4　乍看之下像是男生衣服似的白襯衫，選用男人味十足的緹花布，這件衣服也是在打折時買的。搭配緊身牛仔褲或長裙，再繫上寬版皮帶，十分性格。無印良品。

5　想要散發濃濃女人味時，絕對不可或缺的蕾絲罩衫。

6　既可以當開釦針織衫，也可以當洋裝，讓人隨心所欲多層次穿搭的開放式設計。無印良品。

7　必備的小立領白寬長衫是恰到好處的單品，絕對是想要俐落打扮時的不二選擇。

POLO 衫領洋裝

適合高個子穿著的襯衫洋裝，搭配開釦針織衫或外套參加聚會也絲毫不遜色。挑選滑順的絲質布料而不是一般的網眼布，如此就算穿得再久，版型和顏色也不會走樣，能夠長久耐穿。

毛衣外套

比起太正式的外套，我比較喜歡稍微有點隨性的設計。每當要購買外出服時，就會不自覺地前往西班牙品牌 ZARA 的姊妹牌 Massimo Dutti。Massimo Dutti 的毛衣外套擁有恰到好處的男性化風格，且線條優美，無論走到哪都能兼具休閒與正式兩相宜的特性。

白色開釦針織衫

除了材質略有不同外，白色的開釦針織衫是我一年四季都愛穿的服飾；出門的時候，選擇開釦針織衫也會比外套來得柔和、舒適，因此選擇穿著開釦針織衫時，白色會比黑色來得更有味道。無印良品。

絲質罩衫

每當季節轉換的時候，幫 CAMY 拍攝新商品的同時，我也會狠下心添購新衣。經常可以看到與飾品十分相襯的絲質布料出現，米色的罩衫在拍攝工作結束後，也變成我時常穿上身的衣服。對主婦們來説，這樣基本款的絲質罩衫，是衣櫃裡必備的單品。Isabel Marant。

牛仔外套

春秋兩季最讓人愛不釋手的牛仔外套，在我的衣櫃裡相當搶眼。這種休閒的牛仔材質，反而更應該選擇像圓形鈕釦外套之類的斯文款式，恰如其分的休閒比較適合主婦穿著。Massimo Dutti。

復古洋裝

我是那種看到中古商品店就非得進去瞧瞧、享受尋寶樂趣的人。在中古商店裡買到的洋裝有著不平凡的圖案，無論是纖維材質或是它的稀少價值，都能讓我逛街充滿好心情。

拉菲亞草帽

經常要跟有點歲差的三個孩子出外遊玩，遮陽的大帽子絕對是必要的單品。拉菲亞纖維讓我可以把帽子摺起，收納進手提包，是阻擋盛夏烈陽的必備單品。

條紋 T 恤

如果想要營造出淡淡的巴黎風，條紋 T 恤是相當適宜的選擇。各式各樣的條紋，擁有讓人看起來幹練、青春的獨有特色。相較於裙子，條紋 T 恤似乎跟褲子較容易搭配。

彈性牛仔褲

我很喜歡舒服的材質，所以每次購買褲子的時候，都會先拉拉褲子具不具彈性，現在連孩子都有樣學樣照著做。雖然牛仔褲依據線條的不同，是略微需要考慮流行趨勢與否的單品，但我最近索性只選擇緊身款或寬鬆款了。UNIQLO。

經年累月小心收藏好我那
深深喜愛的不敗單品

軍裝外套

米色軍裝外套被稱為小學媽媽們的制服，原因在於無論是學校有事情，或是要參加活動時，彷彿只要穿上它就能一切搞定的基本款經典單品。缺點是穿上之後，外表看起來會比實際年齡大五歲。軍裝外套不建議搭配罩衫或是黑裙之類的正裝單品，而是適合搭配明亮色調的針織衫和牛仔褲，可以穿出年輕。

購物時絕對不可忽略的飾品與配件

Handkerchief

包包裡帶著一條手帕的話，能讓我有種隱約的自在感。冷的時候，可以圍在脖子上，也可以當衛生紙來用；吃便當或是簡單的零食時，又可以當墊子來用的萬用單品。旅遊勝地買的也好，跳蚤市場挖到的寶也好，別人送的禮物也好……每一條、每一條都有著不同的故事。出門的時候，我總是會陷入甜蜜的苦惱裡：「究竟要帶哪一條好呢？」

Gold & Pearl Jewelry

衣服如此，首飾更是如此，比起過分高調，怎麼穿戴都不膩煩、越用越有感情的實用風格才是我所鍾愛。只不過必須要認清越是簡單、實用的東西，越是要懂得選擇有品質的產品，才能真正長久使用的事實。隨著金價持續上漲，從少女時代到變身熟女，把投資喜歡的首飾當成儲蓄般看待，似乎是個不錯的作法。妹妹設立了飾品品牌後，我把以前孩子們滿月時親友送的金戒指和收藏的金飾全數拿去，一個一個換成CAMY牌的產品。我喜歡金項鍊從基本的42公分到看起來相當有型的70公分，各種長度的多層次混搭都很討喜。如果要出席重要場合，會選用能突顯優雅韻味的珍珠。從Chanel風格的纏繞式長珍珠到正好落在鎖骨間的一顆粗黑珍珠，或是珍珠與黃金別有一番風味的組合⋯⋯讓人飄散出年輕氣息的設計，深得我心。戒指再怎麼樣都會有年長的感覺，所以我偏好寬版的，且喜歡收藏具有獨特性的彩色寶石設計款。

零負擔、舒服，朋友般的包包

simple bag,
simple life

「我沒有任何一個名牌包，也從不堅持要找高級品牌的服飾，我就是不喜歡昂貴的東西。將自己的喜好融合生活風格，從中培養出自己的眼光，似乎更為重要。如果曾經迷惘於『我是一個什麼樣的人？』『應該怎麼樣過生活？』的話，只要去看自己的衣食住行方式，就能找到答案了。」

去日本旅行時購買的超大藤織提包，冬天的時候拿來做為收納袋，春夏秋的時候，則是我帶著三個孩子東奔西跑時，用來裝所有必備物品和零食，把有的沒的通通丟進去的Everyday Bag。

1　2　3

4　5　6

1　去泰國旅行的時候，僅僅只花了五千韓幣就買到的拉菲亞草背包，隨興丟進菜籃就可以輕便地去逛超市。

2　親手裁剪充滿設計感的貼合布料製作而成的，適合下雨天或到戶外郊遊時的實用手提包。

3　SOULEIADO花布加上皮革提把的手提包，讓我愛不釋手。輕盈，還可以採斜背的方式，我會好好珍惜它，一直背下去。

4　雖然只是個平平無奇又廉價的拉菲亞草包包，只要利用胸花或絲巾就能進行大改造，滿溢溫柔的氣質。

5　紅色提包在總是能在穿著基本款裝扮的我身上散發光芒。

6　十年前在街頭小店用八萬韓幣左右購入的皮革包，沒有任何商標的堅固皮革包，長久以來只要我背著它出門，大家都還是會爭相詢問是在哪裡買的。

穿了十年還像全新的一樣⋯⋯衣服和配件的管理

1　睡衣袋

早晨總是匆忙的主婦們是沒有閒暇好好整理睡衣的，這個時候如果可以直接把睡衣丟進掛在床邊的睡衣袋，一定會比想像中要來得方便許多。如果在孩子的房間也掛上睡衣袋的話，其實不只是睡衣，還能輕鬆整理散落在四處的東西。出外旅行的時候，也可以用來做收納內衣的袋子，小小的袋子有著大大的活用空間。

2　超大提籃收納

經營LUNA HOME時，四處奔走才找到的高稈莎草提籃，它已守護我的衣櫃好長、好長一段時間了。我在臥室旁的小更衣間置物架上，擺上了層層的提籃，收納圍巾和手提包。

3　房門上陶瓷柄的衣架

主臥室的門上，掛著我親手做的衣架；在木板緊緊釘上陶瓷柄後，利用螺絲釘栓在臥室門上，接著完成固定的動作即可。既可以掛手提包，也可以把孩子們的卡片掛上，當然也可以掛上剛買回來還想要多欣賞幾眼的新衣。現在則是讓不久前在復古商店買回來的洋裝獨占此處。

4　壁櫃裡的飾品軟墊

穿上衣服之後，為了可以一目了然地挑選首飾，特地在壁櫃的門上準備了首飾專用區。運用抱枕尺寸的微厚墊子，將首飾以大頭針固定在上方即可化身為迷你珠寶盒。利用緞帶掛於門上做固定，在節省空間之外，是相當具效率的設計。

5　廚房用衣＆圍裙

專屬於我用來轉換心情的廚房用衣和圍裙，100%的純亞麻材質與觸感輕柔的40支紗棉布料，亞麻與棉混紡而成的布料……我用來製作廚房用衣和圍裙的碎布上都印有「LUNA」的標籤。疲於照顧小孩、做飯、打掃……大白天的就已經筋疲力竭的時候，我會圍起圍裙，唸魔法咒語：「我很喜歡玩主婦遊戲，我很喜歡玩家庭主婦遊戲！」

6　小物專用托盤

這個地方是為了一回到家就會把皮包、手錶、車鑰匙、手機等，隨手亂丟的老公而專門設計的托盤。為了這個默默自詡為型男，連多層次混搭手環也從不曾遺落，擁有非常多小東西的老公。像是客廳的桌上等，一眼就可以看到的地方或是鞋架上，準備了一些空間擺放他的東西。視覺上看起來舒服，也不會有一大早在找東找西的困擾。至於我的東西呢？則是擺在缺了角的沙拉碗裡。

7　磚頭砌成的鞋架

家裡因為人數眾多的關係，玄關櫥櫃的鞋架早就已經擺得滿滿了，只要稍微不注意，經常都可以看到前廳放置了多達十雙以上的鞋子。將磚頭推砌成鞋子恰好可以放進去的大小，再利用木板做為間隔，鞋架就大功告成了。木頭和磚塊的組合相當協調，而且收納度也很高，非常滿意。

四個女人，享受模特兒遊戲……

daughter daughter daughter and me

「剛結婚就有了孩子，隔幾年之後才又有了第三個小孩。作為三個孩子的媽，我從來都不覺得什麼，只是周遭的人話時常會影響我。我喜歡做家事也喜歡做料理，但我也曾經思考過，身兼媽媽、老婆、媳婦三個角色的我是不做得還不夠好……？『是因為想生兒子，才生了第三個嗎？』有人知道這樣的話語聽在耳裡，我有多麼受傷嗎？也有一些無知的人還會直接坦蕩蕩的說：『生三個這麼多喔！』雖然現在女兒們是家裡的寶貝，也是讓我能夠更加努力的原

動力，但那些傷口並沒有因此消失，反而更讓我覺得要盡到應盡的本分真的好難。女兒們現在都長大了，是我的朋友，也都會在我的身邊守護著我。如果說每一天、每一天都過著重複的生活，卻從來不覺得厭煩，不曾有過想要拋下一切一個人好好休息，那絕對是騙人的。即使如此，卻再也沒有什麼能比得上，和孩子們笑著一起度過的日子還要來得更幸福的事了。我的心也要追上孩子們長大的速度，一天、一天隨之成長。」

「正在學芭蕾的大女兒夏娸說她以後想當模特兒。喜歡穿緊身牛仔褲搭配襯衫，還有騎士外套。最近開始會不聲不響地瞥一瞥媽媽的衣櫃。」

「二女兒佳娸是家裡表演秀和派對的大總監，服裝風格經常都是內搭褲和插肩T恤，媽媽懇求她的話，偶爾可以勉強穿一下牛仔洋裝。」

「小女兒喜歡穿迷你裙和罩衫，還是媽媽建議穿什麼就會好好聽話跟著穿什麼的乖女兒。」

夢想著將來能夠重新啟動
「LUNA HOME」的那一天……

my name is kim moonjung

「大學四年級的時候，我就踏入了婚姻生活，之後跟著老公一起出國留學。一點喘息的時間都沒有地生孩子、照顧孩子，就這樣過了十幾年。現在最小的女兒已經上小學了，看著身邊一些媽媽才正開始辛苦地照顧年紀幼小的孩子時，偶爾也會笑著覺得自己似乎已經苦盡甘來了。做為女人，雖然還不算是太庸庸碌碌，但是一想到自己要成為女兒的榜樣，成為照亮女兒人生旅途的明燈時，總是能夠讓我更充滿力量勇氣。現在每天吃的食物、生活的空間、穿的衣服……樣樣都要為每個家人量身打造，是我最重要的任務。直到將來有一天能夠重新啟動製作衣服和織品小物的『LUNA HOME』前，我仍會保有我的感性，陶冶生活的樂趣，並且陪孩子們一起開心地成長。」

要女朋友、老婆穿出風格，
請先大方投資再說……

「說實在的，我第一次看到妳的時候，還以為妳是個嬉皮。」

這句話是老公對我第一次穿著打扮的評論。第一次跟老公見面，我穿著掛有及膝紫色串珠的裙子（飄逸輕柔的綿質摺裙），上衣的部分是泡泡袖的淡紫色的罩衫，鞋子則是相當具有視覺效果的粉紅色夾腳拖。我自己是覺得我的穿著打扮走在流行線上，為什麼他會說出那樣的話？我的造型有問題嗎？

再加上那時候我工作的出版社裡面所有的女人（包括我在內），大家都沒什麼野心要成為社會上的Somebody，因此崇尚衣服穿脫方便即可的我們，始終堅守著俗稱「家居服」的風格過生活。話雖如此，遇到所謂「約會」的日子，還是會稍微穿一下裙子的，甚至於連罩衫都出馬了，居然還被說是嬉皮？事後想想會出現這樣驚人的用語也未嘗沒有道理。

之所以後來我能理解老公那段話的原因，

是因為在戀愛初期的某一天，我為了要跟他見面，去了汝矣島（韓國漢江的一個小島）一趟。抱著一起喝杯咖啡的念頭，走到了老公公司門口，想不到正值午餐時間，上班族們蜂擁而出，但是，我的媽啊，那些人1000％！全部都穿著正式服裝。

即使顏色不盡相同，但是不計其數的女職員們，服裝都恰恰好是合身的A字裙搭配絲質罩衫，我那自由奔放的服裝穿著站在她們面前，剎那間，只覺得自己被源源不絕的狼狽淹沒。雖然說同樣都是衣服沒錯，但是完全沒有塗指甲油的粗糙雙腳還踩著粉紅色的夾腳拖，對照她們高跟鞋跟發出叩、叩、叩的輕快腳步聲，我一點都不覺得這是屬於同一個世界的「鞋子」。

這下我終於懂了，對於在這種世界生活多年的老公而言，是怎麼看待我的穿著打扮？其來有自吧！

與老公交往的幾個月，我開始會去看那些陳列在百貨公司櫥窗裡的衣服，「是不是去試一下那件衣服啊？」「是不是該準備一雙那種高跟的鞋子啊？」「我也是個花樣少女，是不是應該至少也需要有一件絲質罩衫呢？」等等等。受到老公坦白的輕微衝擊後，我在TIME、MINE等，所謂的上班族服裝品牌添置了兩件左右的衣服，但是不要忘記一個很重要的事情，那就是本性難移的現實問題。那些上班族的穿著一點都不適合在雜誌社工作的我，非常不自在，所以除了第一次買回來穿過，加上參加婚宴、重要餐會外，好像就從此擺著不穿了。

那時候（說起來也已經是十年前的事了）買的衣服，到現在都還像是新衣服似的，漂漂亮亮地掛在我的衣櫃裡。而每當到了換季整理衣櫃時，我總會堅決地告訴自己「總有一天會穿到這些衣服的，不要丟好了！」同時也會下意識地出現另一種聲音：「算了，這種風格的衣服，一輩子也不可能穿。」

幸好和覺得我像嬉皮的老公沒有談很長時間的戀愛（這裡「幸好」指的是我也不用很長時間聽到他那些對我服裝打扮的批評），在短暫的戀愛後，我們就結婚了，而在結婚的兩個月後，我們有了第一個孩子。

懷了第一個孩子，同時也宣告我遠離時尚的生活。原本下半身就比較豐滿的我一向都離很遠的裙子和潮流服飾，卻反倒是因懷孕身材變胖，讓我得到了前所未有的好處，因為無論再怎麼胖都可以安慰自己說：「這都是因為懷孕的關係！」

算起來在我人生當中穿裙子穿得最多的時期，大概就是我懷第一個孩子的時候了吧！一輩子只穿褲子，而且還是長褲的我，在懷孕未滿三個月前就開始穿孕婦洋裝了，也是到了那個時候才驚覺：「原來裙子是這麼舒服的啊！」

只不過，那樣的快樂卻是短暫的。過了十個月，孩子生下來後，果真像是應驗了民間傳說般，體重比懷孕前增加了三公斤。然後我這樣的身形過了幾個月後，我懷了第二個孩子。生完第二個孩子之後，果真又像是再次應驗了那個有名的民間傳說，體重又增加了三公斤。接著讓我減肥的空隙是都沒有的，懷上了第三個孩子，生下第三個孩子。下半身本來就豐滿的我，居然又在身體上紮紮實實地多了3kg＋3kg＋3kg的脂肪團，馬不停蹄地生了三個孩子的媽媽的身材……唉唷，我這個樣子不叫笨重大胖子，那是什麼？

因此，雖然我一輩子都沒嘗過苗條的滋味，但是我一直抱持著「其實自己也不是太胖」的想法在生活，但在經歷三次懷孕生了三個小孩後，忽然之間就不多不少地剛好變成了大嬸的身材。偶爾想出門買衣服時，也會想說，不然挑選個適合二十五歲人穿的設計，但是……這

種時候只會落得把自己嚇得落荒而逃的下場。心裡喊著「該不會有誰看到我居然要去穿那種衣服的詭異模樣了吧？」幸好在生完第三個孩子後，經過了五年的現在，似乎終於可以認同並正視那逐漸改變的自己了。

經常掛在嘴邊說自己再過不久就要四十歲了。如果一直以來都能持續不懈地維持自己身形的人，體態應該會一直都保持苗條、優美吧！像我這樣打從一開始體態就不曾優美、不曾苗條過的人，大概就和一般人一樣，挑衣服或是生活上都還不算會遇到什麼太大的問題？只不過那就不得不承認我是一個不在意身材的平凡「大嬸」罷了。我可是不會因此而鬱鬱寡歡，覺得自己人生完蛋之類的。所謂的「大嬸」，不就是因為身材腫了些，所以不用穿上班族服裝的人嗎？這種好事可是有錢也買不到的呦。

「衣服，就是要漂亮！」這句話相當正確，只不過「每個人對漂亮的定義都不同」，同樣

正確。同樣一件衣服，並不是看到別人穿，自己跟著穿就是漂亮，因此我的結論就是，去找尋我覺得漂亮的衣服、我穿起來漂亮的衣服，才是上策。因為我已經有過太多次這樣的經驗了。再怎麼好的衣服，如果自己穿起來不自在的話，這輩子根本就不會再去動它。

把孩子託付給專為雙薪家庭而設的全天候幼稚園的我這個媽媽，幼稚園老師們每天早上看到我的打扮時，應該都會思索「那個大嬸真的是雙薪家庭的媽媽嗎？」昨天穿了根本就像家居服的超級無敵長裙，再前一天是大片褲管亞麻褲搭配無袖花上衣，再加上長版白色開釦針織衫、腳上穿的是黑色夾腳拖或是楔型涼鞋？這是什麼東西？就像是立刻奔向海灘也很合理的裝扮。那又怎樣？有什麼問題嗎？我光明正大的，我就真的是每天都穿這樣上班的女人啊！

就算在別人的眼裡像嬉皮又如何？如果不是有什麼真正重要的場合，非要穿得光鮮亮麗才

可以的話，穿起來自己覺得舒服的衣服不是最好的選擇嗎？穿在身體上覺得舒適、看起來漂亮的衣服，自然能展現我獨有的風韻啊！所以偶爾有人走在路上看到類似風格的時候會想到「啊～那不正是素恩的風格嗎？」對對對，這樣就夠了，不管誰說了些什麼，我都會照著我自己的風格走，因為這就是我裴素恩的風格！

PS：可是老公，你真的很好笑，對我又不出手闊綽一點，還敢要求我穿得時尚一點？衣服不是用嘴巴就買得到的，好嗎？

～by「像嬉皮的媽媽」裴素恩

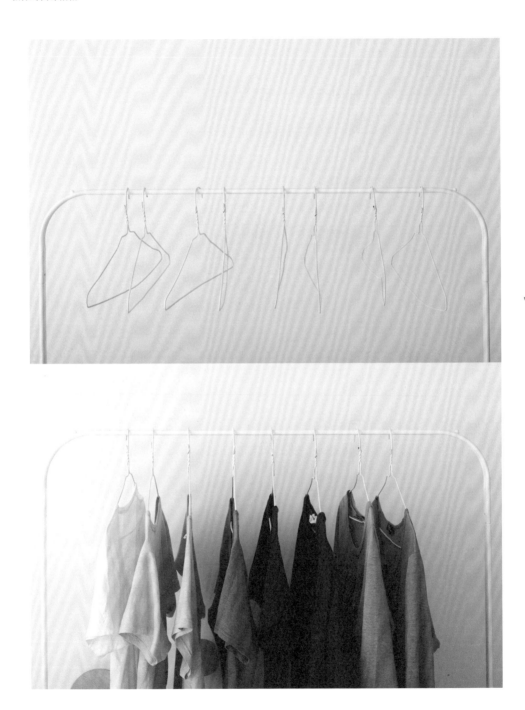

服裝也好，人生也好，
都要獨樹一格

〔unique〕
1.獨一無二的、獨特的
2.（非常）特別的
3.專有的、特有的

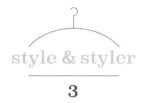

style & styler
3

手提包品牌 CORBU
設計師宋水晶

profile

身高 161cm

體重 55

手提包設計師宋水晶是在家工作的媽媽，是那位不久出版了《在家工作的媽媽》(집에서 일하는 엄마) 一書引起話題的作者，這未嘗不是對懷抱著「照顧孩子的同時也能兼顧工作」夢想的媽媽們散發致命吸引力的一本書。話雖如此，她自己也曾有過一段艱辛期，也就是在她成為在家工作媽媽之前的那一段日子。她說，剛生完孩子罹患了相當嚴重的產後憂鬱症，每每到太陽下山時，止不住的淚水隨即會潰堤。當意識到自己「再這樣下去不行」時，才鼓起勇氣開始工作，而這一份工作即是手提包設計師。

以婚前曾在德國品牌的皮革手提包公司從事過商品開發的工作，可以做為自己在家製作手工提包的基礎，也在周遭親友的鼓勵下在「CORBU LEATHER GOODS」開始設計起iPhone手機殼。如果要再交代得更清楚的話，其實是當她想要送孩子第一個手提包時，苦尋不到合意的樣式，因而開始思考「何不乾脆自己動手做做看？」的這個想法，便成為開始在家工作的契機。

聽起來好像會覺得一切都進行得很順利，但是「CORBU」的設計絕不是在某一天就突然從天上掉下來的禮物般，而是平常就格外喜歡時尚的她，大膽地運用一些前衛設計或是花俏圖案的巧思，進而創造出的產物。

喜歡時尚的原則和她人生的目標有著極大程度的相似度，追求「當然自己要先幸福！喜歡一切，盡情揮霍地去享受我所擁有的一切，並在逐漸老去前，要把所有想做的事都做過一次才可以，帶著自信去闖、去衝撞……！」

因為還沒有將五歲大的孩子送到幼稚園的緣故，所以索性就在家搭起了工作室，在客廳沙發的後方擺上兩個大型置物架，區隔出工作的空間，畢竟即使是在家工作也需要與住家截然分明的工作室。利用孩子睡覺的時間或是在玩耍的時候，一有空閒就整理設計圖。雖然總是畫設計稿畫得手腕痠痛，眼睛痠澀得不時需要人工淚液幫忙，可是換來的厚重畫本，裡頭滿滿裝載的可是她的夢想。

小孩在沙發上蹦蹦跳跳，媽媽則在桌上畫畫。慢慢地成形的小小天地，也是夢想茁壯的地方。與其抗拒，現在的她更樂於展示自己喜歡的東西，讓大家一窺她的衣櫃感覺其實也不錯。打開她的衣櫃，讓我們坐下來好好聽她分享更多的故事……。

※ CORBU：corbu.co.kr

QUESTION & ANSWER

CORBU

Q1：喜歡穿著的款式和風格？

本來就很喜歡時尚的我，屬於隨手抓到什麼就穿什麼的類型，並沒有什麼特定的風格。不過喜歡一些比較大膽的設計似乎是我的特色。偶爾在換季時，拿出一些想穿的衣服，卻看到已經有藝人早一步穿了，這種情況總是會讓我頓時不知該怎麼處理那些衣服。風格……大概就是屬老公常常會問說：「這種衣服是哪裡找來的？」或是朋友會說：「只有妳能穿這種衣服。」之類的風格吧！

Q2：都在什麼地方購物？

當媽媽的人其實還滿無奈的，當然只能在網路購物囉！孩子的衣服幾乎都是在網路上買的。本來想首飾在網路上買應該不會有什麼失敗的風險，所以經常在網路上買，直到不久之前買了一個戒指，戴上手的時候簡直就像戴了顆石頭似的，大得驚人，身邊的朋友看到都笑翻了。喜歡的品牌特價時也會在百貨公司購買基本款的小孩服飾。買衣服的關鍵是在尺寸，小尺寸買不了之餘，我會比較喜歡穿大一點的尺寸，像購買 T-shirt 的時候，我都會選擇挑大一點的尺寸。我喜歡的衣服當中有很多是法國品牌，因為法國品牌的衣服比美國品牌的衣服更適合韓國人的體型，且法國品牌在衣服的質料方面大多會選擇像是亞麻、有機布料等自然的材質。還有一點就是歐洲品牌經常會使用在韓國不太使用，甚至連名稱都標籤不太出來的曖昧色系。

Q3：日常服裝的獨家小祕訣？

即使選擇的是黑白色系的基本款上衣，只要搭配多樣化的褲子或裙子，都能呈現不同的風味。上、下都穿單色系的話，看起來會有點無趣，尤其如果不是具模特兒身材的話，更會有放大缺點的效果。

家居服主要會選擇穿著舒適的褲子和 T-shirt，不過同時也是能夠當外出服來穿的家居服。假設在家穿得太過邋遢的話，那麼好像連暫時要出門都會變成一件煩人的事，尤其是跟年幼的孩子一起待在家的話，一天當中總需要出去散步個三、四次，還得去逛超市、圖書館……這些都是媽媽的分內事，因此在家還是會選擇穿著能夠當成短程外出服的服裝。

簡單的服裝只要能夠搭配搶眼的鞋子和手提包，對媽媽來說絕對是最佳的選擇。我自己本來就比較喜歡皮革手提包，而布料手提袋則是在我有了孩子之後才開始使用的，無論是將手拿包放進質料輕薄且大尺寸的布料手提袋內，或是將布料手提袋摺好收進手拿包，都是能夠因時制宜去靈活運用的單品。

Q4：對「CORBU LEATHER GOODS」只選用安全皮革的印象深刻

開始幫孩子做包包的時候，都會盡可能地也選擇對人體無害的材料，就是可以讓孩子們怎麼咬、怎麼吸都沒有關係的材質。精挑細選出的皮革和輔助材料（內襯、拉鍊、黏著劑、裁縫、金屬裝飾等）也全都是通過歐盟（EU）安全標準檢測、未達有害化學物質檢驗值的材料，以及親環境的染料和處理劑。皮革的裁切面在最後也不會做其他的加工處理，因為要取得含有親環境成分的塗飾劑相當困難，而且在使用包包的時候，塗飾劑也有脫落的可能，這對孩子絕對不是一件好事。

Q5：專屬「CORBU」特有的風格是？

機能性和實用性是最優先的考量，但是我也想強調顏色與細節的獨一無二，像是單一黑色的手提包似乎有點無趣，那麼我就會嘗試採用更多樣化的色彩變化。

在皮革上印製專屬於「CORBU」的花紋或是刻上孩子名字的縮寫，在細節的部分做出與眾不同的處理。我相當喜歡在這裡從事手拿包的設計。

雖然要將沒有手把的手提包直接抓在手裡，感覺好像是一件很麻煩的事情，實際上卻比想像中方便許多。最重要的是使用手拿包這件事本身其實就相當有型。

Q6：您經常舉辦義賣活動？

最近經常到處舉辦義賣會，就跟社區居民舉辦的小型餐會是一樣的概念。因為在部落格上認識的朋友和我都搬進了同一個社區，見面之後發現彼此有許多相似處，也都很喜歡手作……便將志趣相投的大

家聚集在一起舉辦義賣會，大家帶著手提包和喜歡的陶瓷、餐具、布料製品等一起共襄盛舉，結果原本是要進行拍賣的人反倒是自己玩得很開心。到這個春天為止，我們已經舉辦過三次義賣會了，而且還因為寫作而結緣，開始有越來越多的品牌加入我們的義賣活動。

Q7：是不是能談一談您的著作《在家工作的媽媽》這本書呢？

如同創立「CORBU」的心路歷程一樣，過程中有許多故事。那些像我一樣也是在家工作的媽媽們，工作要從何開始做起？家裡要怎麼擺設？小孩要怎麼照顧？如何輕鬆解決家事？要不要經常下廚？家人怎麼想？她們做這份工作之前是怎麼樣的人？從事過什麼樣的工作？等等……。

這些問題引發了我強烈的好奇心，因此我與九位媽媽見了面，將一起聊天的內容記錄成一本書。希望能給那些從一開始就在部落格上給予我極大鼓勵的朋友，總有一天也能完成自己工作和夢想的主婦們帶來希望。畢竟曾經飽受憂鬱症所苦的我，在找不到出路而徘徊不前之際，一個又一個素未謀面的「鄰居們」，真的給了我很大的鼓勵。

喜歡穿搭方便的柔和亞麻 T-shirt

so natural linen t-shirts

「雖然價格比較昂貴，但我還是會選擇亞麻材質的Isabel Marant品牌
T-shirt。白色、黑色、土灰色、土色……統稱為自然色調的色系，無論搭
配什麼衣服都能恰到好處，穿搭起來非常方便。不只能穿一季，如果能愛
惜一點穿的話，可以穿上十年之久。每年打折的時候都蒐集一些回來，其
實也是一種樂趣。」

只要稍微改變搭配單品就足以從春天穿到秋天的百搭褲子＋T-shirt的組合。提著大尺寸卻輕便的手提包相當有型。

非常喜歡大片大片的圖案、色彩的補色對比加上鬆緊帶裙頭的組合，是我經常會穿的裙款。在基本款單品上即使搭配視覺感強烈的衣服，看起來也會很協調。穿著裙子或洋裝的時候，搭配小巧的手拿包或斜背包都能展現濃濃女人味。

在黑與白的基本款上搭配一件用色大膽的外套。在混和許多圖案和顏色的衣服中，挑選一種顏色搭配身上其他的衣服，看起來就不會顯得太違和。

只要基本款！
頂尖韓國設計師
教你時尚穿搭術

簡單帶來的自然和泰然

my choice

「在我選擇衣服或佩件時，

1　素材

2　圖案

3　協調感

會按照上述的順序。是不是天然的素材？是不是會刺激到皮膚？圖
案能不能讓身材看起來更立體有型？然後才是穿著或使用時美不
美？這些考量似乎與亞麻和CORBU手提包有著許多相似處。」

某一天，美好的某一天……
打造出一整天好心情的四大造型

洋裝＋平底涼鞋

只能挑選一個必殺技來決勝負的洋裝時，適當
的顏色能夠替設計加分；而當設計簡單時，就
要選擇顏色和圖案獨特的款式。

條紋 T-shirt ＋蕾絲罩衫＋牛仔褲

我也加入了從去年開始就流行的蕾絲熱，但是
為了不想要選擇過分女性化的單品，我會在蕾
絲罩衫裡面再搭一件條紋 T-shirt，接著再搭
配舒適的牛仔褲，這麼一來即便是薄透的蕾絲
也不會讓人感到不自在了。

hot styling

「在家工作的我偶爾也會有想要投入職場生活的念頭。化妝、打扮、到辦公室工作時打開筆記型電腦、在公司一樓優雅地品嘗著咖啡、午餐時間享受著和煦的陽光、踩著輕快的腳步去吃美味的中餐；埋頭苦幹之餘，和同事到公司附近公園的長椅伸伸懶腰、仰望天空……總是會有這種夢想的吧！一整天都跟小鬼頭待在一起的媽媽們，應該要替自己製造點驚喜，不要老是去同樣的地方、穿同樣的衣服，每到換季的時候，就應該好好變身一下。」

色彩繽紛的洋裝＋開釦針織衫＋平底鞋

有著濃濃春天色彩的洋裝是我春夏最喜歡穿的衣服，與軟綿綿的喀什米爾開釦針織衫簡直就是天作之合。我喜歡選用平底鞋搭配洋裝呈現隨性。CORBU的鍊條包長度不會太長，可以自由地選擇斜背或側背。

軍裝外套＋白 T-shirt ＋牛仔褲

我喜歡選用同色系的衣服和手提包。如果有人說有型的打扮應該要以手提包和鞋子作為起頭和結尾，而後才是首飾的話，我絕對舉雙手贊成。因為如果將這個造型的布鞋和手提包組合換成高跟鞋和手拿包的話，又能創造出另一番全新韻味。

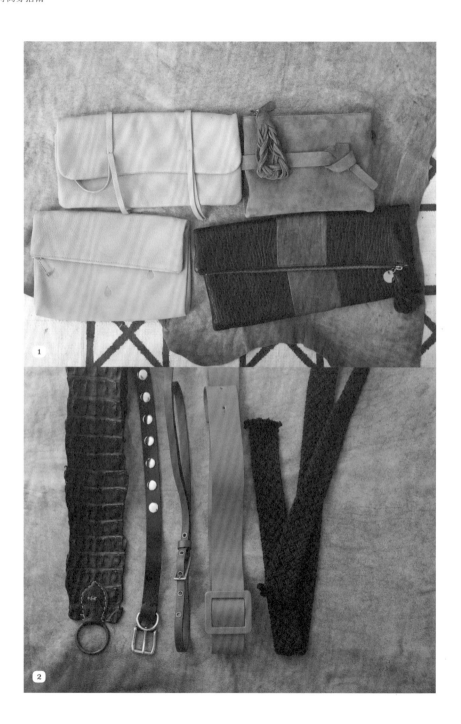

1 這些都是我設計的 CORBU 手拿包。有很多媽媽會覺得拿手拿包是件很不自在的事情，但是隨性的打扮搭配手拿包不僅看起來相當性格，而且放進塞滿孩子行囊的大包包裡還是能夠很輕易地被找到，需要的時候不會再慌亂地找東西了。

2 皮帶是在服裝不知道哪裡好像少了 2% 時必備的單品。穿著洋裝的時候，在胸部下方圍上一條皮帶就能搖身一變，成為能夠出席特殊場合的裝扮了。無論是粗的、細的，各個都是能用來裝飾衣服的單品。但如果在襯衫、外套、洋裝、T-shirt 上圍上皮帶的話，能替自己的服裝品味大大加分。

3 選擇鞋子，我偏好基本色系，但有時也會想要悄悄地挑戰一下點點圖案、方頭鞋等，做多方位的嘗試。挑選高跟鞋款時，記得要選擇鞋頭部分也有高度的鞋子，穿起來才會舒服。

unique accessory

「老公送的項鍊、每次去旅行都會蒐集一、兩條的皮帶……比起
衣服，首飾堆裡似乎鑲嵌了更多特別的回憶；心情低落的日子
裡，我會拿出一、兩個首飾，看一看，散散心。」

everything has a story

1 讓我重新確定購物果然不是件易事的主角：超大戒指。不看尺寸直接下標的後果，送來了大小遠遠超乎想像的戒指。當下應該愣了有 0.000001秒的我，只好把這一失足成千古恨的產物用來防身了。

2 取下原本掛在衣服領口的裝飾物，加上串珠和緞帶重新改造而成的項鍊。

3 4 喜歡穿著基本款 T-shirt 的我，相對比較喜歡華麗且有個性的項鍊，它能替簡單的風格增添生動的表情。基本的 T-shirt 和飾品，無論搭配牛仔褲或裙子，信手拈來都是完美的組合。

5 不是昂貴的寶石也很棒。我大部分都會選擇尺寸大又具搶眼設計的戒指。

6 早在大家開始流行戴手環的很久很久以前，我就經常配戴的手環。之前無意間在美國買來戴的手環，後來看到「智友公主」（註：韓國明星崔智友）戴著同款設計的手環出現後，就不知道把它丟到哪去了，直到過了一陣子後才又再翻了出來。這種「重拾舊愛」的事情，不知道為什麼反倒有種添購新行頭的心情。

happy, happy!!
home & play

為了我的孩子而誕生的手作品！
媽媽親手作的手提包，還有手提包

「皮革的色澤會隨著時間而改變。顏色很漂亮吧！懷孕前我可是皮革提包的狂熱分子呢！
好的皮革在經過五年以上的時間淬鍊，就能擺脫品牌的枷鎖，成為專屬我個人的標誌。」

unique accessory

「CORBU」是為了我的孩子而創造出來的品牌。設計小孩的包包比媽
媽的包包要來得苦惱多了，因為孩子們喜歡的東西太千變萬化了。像
是幫女兒選衣服的時候，似乎已經漸漸地和我自己原本的風格相去甚
遠，隨著女兒『太漂釀惹！敲級、敲級漂釀』的尖叫聲，我來到了充滿
碎花和粉紅色的世界。和衣服形成補色對比的櫻桃圖案包包。因為是
我親手設計的作品，雖然不是那麼的碎花和粉紅，但還是很可愛吧！」

「每當我著手製作手提包時，都會有又蒐集到一件寶物的感覺。雖然自己說這種話有點難為情，但是光是想到等到以後女兒長大時，可以對她說：『媽媽從事的是這樣的工作、媽媽完成了這些東西、媽媽之所以會開始做這些東西都是因為妳啊……』我的心情就已經開始滿溢著抑制不住的喜悅。貼在孩子背上的米色復古風書包、密密麻麻的櫻桃圖案圓形包……所有的東西即使在即將到來的流逝歲月裡，也都將成為我倆間永不可抹滅的美麗回憶。」

「幫女兒選衣服的標準也和我自己選擇衣服的時候差不多：是不是天然植物？穿了皮膚會不會刺刺的？衣服會不會帶給身體負擔？好不好活動？穿的時候美不美？等等，我都會非常仔細地審視上述的要求。手提包？孩子的手提包都是我親手製作的，所以手提包可以說是從出生的那一刻起就已經是我龜毛挑剔下的產物了。也因為有這樣的要求，讓我開始設計起手提包，並且更加樂於從事這份工作。」

work space at home

keep going

從小手提包品牌起家的「CORBU LEATHER GOODS」，一點一點逐漸轉
變成以抱枕、提籃、香草和童裝為主的生活風格概念品牌。不是手提包的
部分當然也不是「CORBU LEATHER GOODS」，因此便加入我喜歡的「叢
林」，命名為「MESADE CORBU」，因為我總是這麼稱呼那些織品和木製
平臺上的用品。光是能夠這麼作著夢，似乎都足以讓我的心靈感到富有。

我經常描繪著
我所嚮往的未來
在腦海裡　在心裡
想像、盼望，以及描繪

然而現在的我
就身處在我曾描繪的未來裡
那個我曾渴望的未來裡

因此，「現在」的我很幸福
從現在開始我所描繪出往後的未來
總有一天也將實現

我相信
夢想終將成真

還有
構建我曾描繪的未來
謝謝你們當中的每一個人
讓我能夠踏進現實
Thank you...

我的品牌「CORBU LEATHER GOODS」
以及「MESADE CORBU」

媽媽一定這麼說過吧，
「不要再買了，乾脆開間服飾店算了！」

在女性綜合雜誌生活版當記者的人，大部分都以介紹商店為採訪題材的開始，而我的第一份工作卻是到算命攤去詢問高素榮、全智賢、李英愛這些明星的面相。拼死拼活地念到大學畢業，通過競爭率高到不行的面試才找到的工作，居然叫我去看別人的面相？

過了一段時間之後，終於可以從採訪店家的題材稍微升級到拍攝美食，接著是拍攝室內設計。從商品到擺置在餐桌上的料理再拓展到生活空間，的確是需要循序漸進積累經驗值。做著做著就到了菜鳥記者的最後一個關卡：潮流拍攝。參與的工作人員有模特兒、造型師、梳化師……偶爾還摻雜著經紀人和場地問題等，牽連甚廣。

當時正是由斗塔（Doota）、美利來（Migliore）等引領著服飾購物走向全新世界的時代，身為菜鳥的我根本想都不敢想說，要在峇里島拍什麼大明星海報等等之類的，大部分都還只是去東大門借借衣服來完成拍攝工作。要徹夜走遍市場挑選衣服對造型師來說其實也是一件很累人的事，所以如果想要敲定拍攝檔期就得卑微地用「我跟你一起去選衣服，也可以幫忙拿衣服」的方式千辛萬苦地去求回來。而那段日子卻也成為了我變身東大門「行家」的契機。

剛踏進能夠合理（百貨公司1/10的價錢）花費我賺回來的錢的天堂時，每個月總會有兩、三天在下班後直奔東大門。在斗塔、美利來、第一平和市場、德雲商街、興仁商街、青平和市場、東平和市場之間打混，直到隔天才到公司上班工作，儼然中了東大門的癮。手上只要有幾十萬韓幣的話，就已經能夠買到足以開間服飾店的衣服數量了；再加上如果到了批發大姊

們開始活動的夜晚，甚至可以用更低廉的七折價買到衣服，因此即使要我待在路邊熬夜也絲毫不會感到疲累。

問題在於，我只喜歡沒有太多裝飾的極簡黑色衣服。口袋的有無、領口和袖子樣式稍作改變的黑色T-Shirt，以及在褲管和褲檔稍有不同的牛仔褲，是二十五歲以前的我會選擇購買的單品。到了二十五歲以後，對材質和單品接受範圍擴大的我，則是開始添購黑色罩衫、襯衫、洋裝、西裝褲；而踏入三十歲的我，唯一的改變就是在黑色裡再加上藍色和白色而已。

好像真的只買黑色衣服買得太誇張了，若是買了在小細節稍微有些變化或是比較搶眼的紅色、黃色衣服的話，進到衣櫃的它們似乎只能迎接連標籤都不會被撕下的命運了。即使花了超過十年的時間在東大門灑下了足以買下幾十

個名牌包的錢，且不停地購入那些跟我原有的衣服沒什麼兩樣的衣服，我並沒有變成一個很會穿衣服的人，反而只是變成一個經常買很多衣服的人罷了。「受人滴水之恩，必當湧泉以報」，大概很適合用在只要是相熟識大姊們推銷的衣服，因為就算根本不是我真的必需要的款式，不知為何也會二話不說地就買下！啊，真是的，我這不是瘋了，那什麼才是瘋了呢？

先別說炸開的衣櫃了，連椅背、壁掛架上都堆滿了如一座小山般的衣服，卻還是經常覺得某件衣服是專門留在某個特殊日子穿的，遇到親戚結婚或是小孩周歲時，還是會覺得找不到合適衣服穿的生活模式，則是在跟著老公搬家到國外時，才正式畫下了休止符。在捨不得把衣服全部都丟掉又得減少行李的情況下，才開始把衣服全部都從衣櫃裡挖了出來，挑選出一

些保持得比較好的衣服，而且根本是超級多！從普通的洋裝開始拍照，然後上傳到經常逛的二手物品拍賣網站，僅僅三十分鐘的時間就全數售罄。

每天把自己穿過兩、三次的二手衣以韓幣一萬到兩萬（含運）的價格賣掉，也這樣累積了一些老主顧，還收到大嬸們雪片般飛來的答謝訊息。甚至已經出現了不要跟老公出國，乾脆直接來開間網路商店當作副業的妄想，店名可以叫烏鴉，或是Franceska，還不賴吧？臉上或許可以笑笑地說出這些話，可是內心卻一點也笑不出來。

耗盡我在職場打拚十年以上賺到的錢才買回來的衣服，轉眼間就在短短幾天內換到僅僅幾十萬韓幣而已啊……。在二手市場的人氣排行榜上依序是洋裝、軍裝外套、大衣、背心、罩衫和襯衫。

其中我擁有最多的T-Shirt和牛仔褲，因為沒得賣，所以只好全部丟棄。在一陣混亂的出售狂潮中得以倖存下來的，居然意外地不是鞋子，也不是手提包，而是圍巾。

在沒有東大門的地方生活了三年左右的時間，我終於領悟到只要能在各個季節都擁有可以搭配上衣、下著的洋裝、外套，就已經足以讓我在那個季節裡保有自己的風格了。如果不是為了購物帶來的快感，而是好好地把重點集中在「自我風格」上的話，那些一輩子都被囚禁在我衣櫃裡，上好材質的衣服就能留下來了啊……再怎麼慨歎也都來不及了。

現在重新搬回距離東大門只要三十分鐘的

我，變得相當地謙卑。每當想要到東大門去的時候，我就會帶上極度想要購物的朋友一起去，在擔任導遊的過程中一同享受購物的快感。如果這樣還解決不了的話，我就會以成為那些還在照顧襁褓嬰兒妹妹們的私人購物代理人自居。三十歲後段班的我，臉大、上半身壯、腿短的我，依舊會買黑色的衣服，但是總會努力地深思熟慮一番再下手。從中我學習到的守則如下：

第一，在一般情況下我是不會去看那些價格平易近人，而讓人很輕易就打開錢包的T-Shirt的，因為我已經意識到身材在55以上的人穿著T-Shirt一點都不有型的事實了。

第二，選擇各個季節流行的一、兩個單品和能夠替我的身材隱惡揚善的高腰洋裝。

第三，材質好又漂亮的大圍巾，能替我那烏鴉般無趣的裝扮增添變化，所以絕對要睜大雙眼搜索，再貴也要買。

第四，我深刻體悟到就算是名牌包，時間一長同樣地也會變成「無用之物」。因此布包、提籃材質的包，或是沒有商標且價格合理的皮革，才是我會選擇的單品。

第五，鞋子的部分我會在網路（www.6pm.com）特惠的時候，選擇以代購的方式購買。畢竟我很清楚自己是沒有辦法穿一雙鞋超過兩年以上的。

只－不－過－就買……一個……嘛，無論在挑選單品時有什麼風格的小變化，衝動購物之神每每還是會降臨，衣櫃也像我肚子上的肉一樣，漸趨炸裂。

～by「東大門VIP」朴惠淑

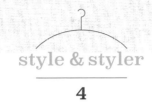

style & styler

4

巴黎流，巴黎人風格

〔french chic〕Comme les Parisiennes
〔巴黎流〕巴黎似的＝自然隨性

童裝購物商店 COMO
負責人許秀英

profile

身高 163cm
體重 55

her story

　　喜歡獨自旅行，喜歡閱讀時尚雜誌和時尚相關的書籍，雖然不是主修藝術，卻很喜歡到處參觀美術館的她，在走入婚姻、成為人母後，從此被孩子綁住，成為孩子們的摯友。討厭當大嬸，卻喜歡當兩個孩子的媽；討厭當孩子的媽，卻喜歡當「基宇和華雯」的媽，這一位萬年少女許秀英就這麼身兼兩個孩子的媽和童裝網路商店負責人的角色。

　　孩子們吃東西的口味會自己帶到這個世上，但是穿衣服的品味卻什麼也沒有帶來，所以孩子們的穿著其實是跟隨著「媽媽的喜好」來決定的。自從她開始接觸童裝之後，才發現自己非常喜歡童裝，而樂於要與大家分享這份情感的她，決心正式投身服裝產業。

　　把重心放在探討其他媽媽都在幫孩子穿些什麼衣服之餘，也埋頭苦讀介紹童裝的雜誌。她說因為對童裝很有興趣，所以到國外旅行的時候，總會到處打聽販售童裝的商店。很幸運的是，現在光是在南大門市場就能看到許多漂亮的衣服，而且在韓國國內就能用差不多的價格買到國外知名品牌的服飾，韓國的折扣季也比別的國家來得早，從各個層面都不難看出韓國購物市場的多彩多姿。

　　將在南大門市場以中低價位買到的韓國品牌搭配法國設計師的品牌服飾，就能幫小孩混搭出協調的風格；而媽媽選擇和孩子穿著相襯的風格，就是她服裝造型的祕訣。比起紐約客顯而易見的風格，看似不做任何裝飾的巴黎人風格才更對她的味。

　　雖然她很喜歡寬鬆的上衣搭配內搭褲，再加上平底鞋或運動鞋和圍巾等巴黎人獨有的單品，但她卻不會執著於非要某個不可，為什麼？因為時尚與愛一樣，都是會流轉的！

※ COMO：www.comokids.co.kr

QUESTION & ANSWER
COMO

我本來就喜歡閱讀時尚雜誌，除了韓國的雜誌之外，也長期訂閱美國與法國雜誌，因此美國和歐洲的潮人們就好像是我的朋友一樣；再加上翻閱時尚類書籍的時候，還可以了解那些曾經在雜誌裡出現過的人都有著什麼樣的衣櫃？有著什麼樣的生活風格？格外開心。

最近因為瘋狂迷上巴黎風格，似乎覺得韓國人其實也都很喜歡那樣的風格呢！

哈哈哈，這好像不太簡單耶！如果試著去看一看時尚類的書籍時，就會發現潮人們對於自我風格的要求都執行得相當徹底，像是無心解開的釦子個數、看似紊亂的髮型，甚至拍照時的姿勢等，聽說都是得在鏡子前練習好幾個小時才可以。

像我的話，根本沒有練習的時間，也沒有什麼體力，所以基本上就是比較喜歡選擇一些黑色、米色、灰色系的衣服，再大膽地搭配一些手環或項鍊等飾品。基本款 T-Shirt、褲子等必備單品，像最近很紅的 Isabelle Marant、iro 等，都是值得留心一看的品牌。

我很不喜歡和孩子一起出門的時候，只有媽媽打扮得光鮮亮麗，搞得好像一點都不在意孩子似的，所以還得為了童裝而苦惱的媽媽們要忙的東西實在是很多。

巴黎流的優點在於他們連老奶奶的時尚都早已準備好了。無論是誰都會有年華老去的一天，而那一天的到來卻是伴隨著「大嬸」這個代名詞，可是卻沒有真正的「大嬸風格」，是我覺得很可惜的一點。看到以巴黎人風格聞名的珍・柏金（Jane Birkin）的近照時，我還不由自主地驚呼「我也好想要變成穿 Bensimon 搭 Isabelle Marant 的老奶奶喔！」

以前的我喜歡趁著 ZARA、H&M 等平價品牌出清

拍賣的時候掃貨，用便宜的價格買一大堆，然後在短時間內穿完即丟，丟完再買……但是老公的購物觀念則是秉持購物應該要以品質為重，挑選品質好的東西，才會穿得長久的原則，因此婚後的我也跟著老公那一套改變了我原本的消費模式。

我會等到喜歡的品牌大特價的時候，在英國的NET-A-PORTER網站（www.net-a-porter.com）上下訂單，兩天左右就可以收到訂購的商品了。但是因為我覺得要確認外國品牌衣尺寸很重要，所以會利用自己穿過的品牌衣再次做尺寸的確認之後，才會進行下標。NET-A-PORTER是由時尚編輯出身所經營的部落格，進而成功成為世界最大的豪華網路購物商城，近期也隨之創立了時尚雜誌。據我所知COMO也是因部落格結緣才開始創建成商店的。

部落格讓人們的生活變得多麼地多彩多姿啊！像我也是在生了第一個孩子後，和在寫部落格的過程中認識的朋友一起設立商店的；一直埋頭在追尋自己喜歡的東西，卻從來都沒有想過原來素未謀面的緣分，早已悄悄在等待著我了。

前一陣子在書店隨手拿起的《Closet Visit》，也是在紐約經營時尚部落格的韓國人，用來記錄自己身邊朋友們的衣櫃故事。我喜歡的並不是些什麼所有人都很漂亮、長得像洋娃娃，或是看起來像少女的大嬸的故事……而是能夠將自己的風格視為瑰寶，那才是我所崇尚的氣質。因此我也會經常去逛這個網站（www.closetvisit.com），找尋一些靈感。部落格能夠輕易地網羅到品味相似的人們這一點，真的相當寶貴。

Q4：您有兩個小孩，是不是有什麼能夠兼顧家事、育兒、事業的竅門呢？

我似乎是個無可救藥的樂觀主義者。事實上光是要照顧小孩和做家事就已經夠讓我忙了，可是我還得處理工作的事，拍照上傳到網站、寄宅配、去市場找手作材料等，基本上每天到了吃飯時間不是隨便

吃個飯捲就是吃泡麵果腹而已。即使如此，我還是喜歡工作，喜歡童裝，所以計劃總有一天一定要開一間實體店面。

該做的工作還要做，可是我也想和孩子們一起渡過他們在家的時光，所以會稍微控制一下工作的時間，雖然在老大四十八個月之後就開始上幼稚園了，但是現在才六個月大的老二還是很需要我。早上先送老大到幼稚園去上課，接著狂奔回公司工作，然後趕在幼稚園車抵達的下午三點回來，卻老是因為差個五分鐘，而趕不及接女兒的校車。

其實沒有人在後面追著我跑，偶爾也會對這樣東奔西跑的生活感到疑惑，覺得何必呢？但是我還有夢，還有能一起對夢想產生共鳴的人，只要想到這裡我都會覺得自己已經很幸運了。

Q5：穿衣服的時候，最注重的部分是什麼？

我是屬於那種穿著簡單，然後比較會費心思在手環或手提包的人。我尤其喜歡流蘇、鉚釘或天然礦石等有存在感的素材製成的手環，這樣別人就會知道「那個人好潮！」手環絕對是和投資成本對比之下，效果相當顯著的一個部分。我自己也很喜歡做手環，所以在 COMO 商城裡的首飾區也能看到我親手做的手環和項鍊喔！

花最多錢投資的部分是手提包，不是我刻意要追求什麼名牌包之類的，而是因為當看到不需要任何商標就能合我口味的包包時，每每都會忍不住下手購買。

triple look

「從時尚雜誌到時事新聞，你都可以從雞毛蒜皮的小八卦裡窺探全世界潮人們的穿著打扮。於是當我關掉電腦視窗或是闔上書時總會這麼想：『身材果然還是比衣服來得重要啊！』所以我一天到晚都夢想著要減肥，只要稍微減掉2到3公斤，就能把手上的衣服穿得更好看。最近為了要配合孩子們的穿著，相當苦惱，不過我始終都很感謝還未染上粉紅色或公仔嗜好的女兒，那個還願意乖乖穿上黑色衣服的潑辣大小姐。至於要穿情侶裝的時候，我們家的規矩是同樣顏色的不同單品；若是和小孩出門的時候想要穿裙子的話，我會挑選超長長裙，當然，長洋裝又會比裙子來得更合適，稍微添加一點蕾絲或刺繡的元素就能有畫龍點睛的效果喔！」

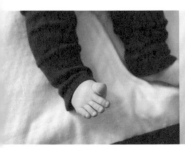

1 　西裝外套不是限定在必須盛裝打扮的場合出現，大部分的情況下我反而喜歡隨性一點地去穿西裝外套，解開釦子、捲起袖子，我覺得這樣看起來更有味道。

2 　最近軍裝外套可以説是當紅炸子雞，不用正式的Burberry外套，換季的時候衣櫃裡擁有類似長大衣的軍裝外套，天天都可以披上身，心情就像是變成大富翁一樣的滿足。

3 　平底鞋是能讓裝扮變得更加隨性、討喜的魔法單品。尤其像是很少人願意嘗試的白色平底鞋，其實看起來比想像中來得更有型，可以先試著穿穿看！A.P.C商品。

4 　近期針織衫的設計變得非常舒服。以前的針織衫大部分都像是用來禦寒的學生制服基本款，但是現在的針織衫袖子變得比較短，領口的設計也很美……如果讓我看到帶有懷舊觸感的針織衫，那是絕對不可能錯過的。

5 　這是我在巴黎的merci賣場購入的大亞麻布包。雖然我個子小，但是隨性的穿著搭配這樣的大包包，能顯出低調的有型。東西裝得少也好，裝得多也好，是越用越討人喜歡的一個手提包。

6 　就算不參加派對，我也想向有點品味的女孩推薦手拿包。簡單的皮革，搭配小巧思的拉鍊或提把設計，隨時都顯得格外搶眼。

7 　我的最愛：手環。對身為一個孩子的媽來説，必須暫時跟項鍊、耳環説聲再見了……不過手環卻沒有這個問題，戴上一、兩個也還是很適合的特殊飾品。誠心推薦給喜歡穿著平淡無彩色系的各位。

my favorite style

過大尺碼亞麻上衣＋皮裙＋圍巾

偶爾利用截然不同的材質做混搭，能為造型帶來一點緊張感；亞麻和皮革，穿著寬鬆的亞麻上衣搭配迷你皮裙時，不但穿起來自在，而且還是人見人稱讚的裝扮。天氣轉涼的時候，可以將亞麻材質的圍巾換成毛皮材質，也是相當有特色的選擇。

針織衫＋燈心絨褲＋豹紋帆布袋＋運動鞋

越穿越合身的燈心絨褲和Bensimon打扮，我想要變成就算年紀大，還是相當適合這種裝扮的老奶奶。

1　白色洋裝＋黑色西裝外套＋大包包
從春天到秋天，黑與白的組合是我經常的打扮。西裝外套搭配洋裝或長版上衣不但能給人正式的感覺，還能遮住不想讓人看到的贅肉。不過，西裝外套的部分要記得挑選亞麻或棉質之類的隨性材質才適合喔！

2　白色上衣＋黑色內搭褲
穿著內搭褲的時候，如果搭配過分寬鬆的上衣，看起來會很像家居服，所以要搭配稍微蓋住屁股長度的個性上衣，才會讓整體裝扮看起來顯得有型。我經常喜歡穿的白色無袖背心，雖然要費心注意透光和內衣，不過穿的時候真的很Cool！

3　懷舊上衣＋白色褲子＋手拿包
雖然經常觀察潮流，但是不知道是不是已經到了應該要學會珍惜自我風格的年紀了？比起大家都擁有的東西，我更喜歡那些看在我眼裡迷人的衣服。只要看到懷舊的圖案搭配色感難找得到的衣服，都會讓我相當開心。

4　絲質洋裝
每當苦惱著要穿什麼衣服好的時候，總是非選它不可的印花洋裝。我很喜歡絲質洋裝，尤其要到海邊玩或外出時，絲質洋裝的穿搭度反而意外地高；若是搭配平底鞋的話，更顯隨性氣息。

要多高有多高，要低的就要選擇舒服的拖鞋或運動鞋……鞋子的部分我會選擇Bensimon、A.P.C皮革涼鞋、
拖鞋等單純卻穿起來相當有分量的設計；小鬼頭們的鞋子要能包緊他們的腳背，所以要挑選走或跑起來舒服的鞋款。

一個、兩個……
慢慢蒐集的我的珍藏寶物

six sense

「東西的價值不就在於自己是最終為其下註腳的人嗎？我並沒有很多
的衣服或小飾品，但是對我來說越陳越香的東西、不會感到厭煩的東
西、專門適合我的東西等，就是在賦予這些東西真正的價值。」

1 單一喜歡的基調

想要好好學會從衣服到飾品的合宜搭配，懂得分類材質和顏色的基調是必要的。無聊的時候，我會鋪上一塊布，然後擺上喜歡的小飾品，樂在將它們排列組合的遊戲裡。

2 越來越喜歡幽幽香氣的女人天性

比起濃郁的香水，我會選用無負擔感的香草或精油，像古龍水就是我很喜歡的選項。Diptyque、Jo Malone、部落客朋友們的手作香草……我愛死了。

3 親手製作的首飾

每當覺得占據一角的首飾盒有點寒酸的時候，就會讓我手癢得想要動手做做手環或項鍊；因為是我親手做的作品，也因此能融為我對服裝造型的自信。

4 購物的巔峰──包包

我在購買手提袋上投資了最大量的金錢，法國 VDJ 皮革包、Sang A 手提包等高價的皮革包，以及 Marimekko 布包、Merci 的大包包……雖然擁有的數量不多，但用越久越能感受到這些包包的價值。

5 飾品就是我的力量

能讓心情變好的高濃度黃色。當金黃色的陽光灑下來的時候，我會把飾品一個一個拿出來；而且也能讓大部分是黑色、白色、灰色的衣服色彩，變得更加艷麗。媽媽飾品的重要關鍵就是：輕。戴　個很有型，戴一串也很美。

孩子叫媽媽的時候，
就是我最幸福的童裝收藏品

「童裝似乎比大人的衣服來得可愛一百倍吧，雖然我第一個孩子是女兒、第二個是兒子，但是老二卻接收很多老大的衣服穿。剛開始並沒有刻意要這麼做，不過後來的確滿慶幸自己一開始就挑選了不分男女的衣服給他們穿。眼睛看起來舒服的顏色、穿在身上柔軟的材質、能夠活動自如又有型的打扮⋯⋯為了要找尋滿足上述所有條件的衣服，勞心勞力地奔走著。」

Louis Louise

Bonton

Waddler

Esencia

April Showers

Bonpoint

這是兩個孩子的媽許秀英特別喜歡的童裝品牌。

開釦針織衫＋燈籠褲

幫女兒買衣服的時候，都會按照我自己的喜好買很多非彩色系的衣服；簡單的衣服搭配什麼樣的飾品是相當重要的，我最推薦的是輕巧的項鍊和輕便的絲巾，絲巾在孩子流口水弄髒衣服的時候是相當具功能性的單品。

大膽的圖案OK

童裝的樂趣在於它能輕鬆合理化大人衣服難以消化的大膽圖案混搭；造型平凡與非凡的差別在於，誰能在混搭圖案的微妙裡掌握到平衡點，並與之相輔相成。

有型的結尾，西裝外套

大女兒經常會穿著看起來像裙子的飛鼠褲，現在則是輪到兒子接手了；雖然上衣、下身看起來都很寬鬆，但是我很喜歡的造型風格，外套的部分大半會選擇西裝外套。只不過是因為加了件西裝外套，就比穿夾克來得有型許多，這可是會讓人忍不住看一眼的造型喔！

換季時期的棉質背心

這是換季的時候，最能輕鬆選擇的風格；褲子、罩衫、背心，完成！尤其是背心，在嚴寒的時候也能穿在外套裡面，如果遇到喜歡的款式，我都會先買來放著。

my fashion guidebook

「我這個人可以說有八成是靠書養成的。在客廳牆上裝置矮書架後，書架上擺放著我經常閱讀的書籍；每當有外國潮人們的書籍出版時，比起想要學習他們的風格，能夠遇見一本好書更能帶給我喜悅。感謝這些書，讓我能超越流行時尚書籍帶給我們欣賞服裝的快感，從中挖掘到那一個個隱藏在自己內在深處的感覺，並將感情釋放到生活、服裝、家庭、事業，還有教養孩子上。」

我敢斷言，全身鏡是世界上最邪惡的東西⋯⋯

下了很大的決心到美容院的那一天，基於無聊和義務地翻著擺膝蓋上的雜誌，結果卻只換來聲聲嘆息，就算我再投胎也不可能變成擁有那樣好身材的模特兒，戴著一大堆就算我一整年完全不休息地工作也不可能買得起那樣高價的潮流單品，淡然地在一個像是人間樂園的地方，用著瀟灑的表情搔首弄姿，不知為何讓我覺得很火大。

「為什麼要給光是要燙一次頭髮都會害怕得發抖的我這種雜誌呢？就算在櫥窗看到喜歡的衣服也只能暗自垂涎『它什麼時候會從衣架上移駕進特惠推車呢？』的我，到底為什麼要這麼對我！」

我為什麼這麼恨雜誌呢？首先，因為沒有錢。雜誌翻著翻著就覺得我那些沒有牌子的衣服全部都好沒有流行感哦，好像除了我之外的所有女人們都帶著價格未知的手錶、穿著一件

「不過才」韓幣幾百萬的洋裝。就算是便宜貨，我也懂得挑一些看起來沒有那麼廉價的。對於這幾十年來已經領悟到怎麼把便宜的衣服穿得不那麼廉價的我而言，雜誌只不過就是「（有錢人）他們生活的世界」罷了。

再加上我那肥胖的下半身，有著象腿的下半身。多虧了它們，讓我在酷暑的時候也只能堅持穿牛仔褲，作夢也不敢想要在雨季的時候做長裙以外的大膽嘗試。對這樣的我而言，看著只會出現八頭身、44尺寸模特兒身影的雜誌，只不過就是「（苗條的人）他們生活的世界」罷了。

錯不在雜誌，單純只因個人的處境讓我無謂的自卑感油然而生，出現了鄙視時尚雜誌的壞心眼罷了。

要在充斥著可以遮掩下半身單品的秋冬兩

季，搭配出好看的造型並沒有那麼困難，不過一到夏天，事態可就不一樣了。因為被侷限在打死不能放棄的長褲裡，所以一件薄 T-Shirt 就是我能做的全部裝扮了。將近三十年來我真的都始終如一地堅守著「短袖＋長褲」的風格。

「好膩、好無趣喔！」就算心裡一直這麼苦喊著，但比起因而燃起的減肥動力，卻始終還是只會朝朝暮暮地盼望秋天快點到來，只能用哀怨雙眼望著那些緊貼雙腿的褲子。

那樣的我，卻逐漸在改變中，開始穿上洋裝，也穿起了短褲。當然，現在的我站在全身鏡前仍舊會伴隨著一聲長嘆，滿載著對自己刺耳的忠告。只不過我對於自己能穿的服裝界線卻漸漸放寬了，再也不想把人生鎖在鏡子內的那個自己裡。

讓我願意對自己的造型敞開心胸的契機，源自我開始觀察路人們的裝扮。通勤的時候，總是緊盯著手機的幾年來，讓我有點擔心眼球會因此掉出來或是視力會急遽下降的情況下，我選擇放下手機，取而代之的是觀察大家的服裝穿著。

造型就像從型錄裡彈出來般的完美小姐，自認為很有型卻不知為何有點彆扭的女高中生、沒時間照一下鏡子就匆忙趕出門的大嬸等，一天當中觀察到幾十個、幾百個造型得出的結論就是：「自信，型塑風格。」即使是身穿同一件洋裝，比起縮著肩膀、暗沉表情的瘦子，踩著朝氣蓬勃的腳步、明亮的表情和巧妙搭配搶眼首飾的胖子，看起來更美。發現自己領悟到這一點的當下，還滿開心的。

我特別留心觀察和我差不多年紀、擁有差不多肥胖下半身體型的女人，得到的結論是穿著具有個人特色的印花洋裝或短袖上衣，反而比

全身包得緊緊、藏頭藏尾的裝扮來得能夠分散視線，看起來有－夠－纖瘦。當下我馬上狂奔到SPA品牌，買了洋裝。

事實上就算我頓悟到構成時尚最重要的元素就是自信之後，也還是猶豫了好一段時間。雖然買好了短裙和短褲，但是每到早上起床我還是沒有辦法爽快地擇其一來穿，反而是拿過去經常穿的無聊長褲。穿上設計大膽的衣服（長度及膝的洋裝）那天，總是因害怕背後有人會指指點點而把MP3的音量關小，豎起耳朵聽著周遭的聲音。

不過，雖然一開始的時候很辛苦，現在已經完全不在乎了，比起我曾經有過的憂慮症狀，別人對我根本（完全）不在意，而且以前在意別人眼光的雙腳，現在覺得好涼爽。聽到身邊的反應說：「妳看起來比穿長褲的時候瘦多了！」也是增添我自信來源之一。打破了把自己關在限定風格的狹隘後，我也開始有了想要

大膽嘗試自己從未穿過的顏色或材質的念頭。

最近的我走進服飾店只會看洋裝，也在接受永久除毛雷射手術，並努力地做伸展運動，還會經常去踩一踩那曾被用來當作晾衣架的腳踏車，算是進步神速吧！我似乎變得越來越棒了。

老實說，會願意提筆寫下這關於「服裝」的害羞文章，除了是為了那些跟我自己一樣對身材缺乏自信的人之外，還是為了難以數計因為要照顧家庭而疏於打扮，努力扮演媽媽、家庭主婦、人妻等角色的女人們。

每當我看到在一群自信過人的女人堆裡好不容易找到當季合適的衣服可以穿，身上穿的衣服卻又褪色、磨損得像是在櫥櫃裡擺了好幾年，還有撿女兒覺得退流行想要丟的衣服穿的女人們時，內心深處湧現出了酸楚。只因我覺得好像看到未來的自己，也想起家裡的媽媽。靜靜地看著那些把打扮當奢侈，樸素得讓人看

了有點厭煩的女人們，其實她們的臉龐仍然是如此閃閃發亮，個個依然都還是明艷動人的女人啊！

韓國的女人們給自己設下太過嚴苛的標準。體重的輕或重、年齡的多或少都不是什麼問題，「腳踝好粗」、「胸部下垂了」、「皺紋好多」、「這把年紀還要穿什麼高跟鞋」、「粉紅色不適合我」……顧著說別人。其實光是我自己就可以洋洋灑灑列舉出幾十個沒有辦法穿漂亮衣服的理由了。

我想說的並不是「一起變成風格獨具的女人吧」，也不是什麼「有了潮流的衣服和髮型就可以讓自我價值變高」這種話。而是希望我們一定要體悟到自己是個多麼棒的女人，並不是鏡子裡的那個既狼狽又沒品味、一無是處女人，而是要一直、一直想著自己是個越看越有魅力，還會時常想要把她變得再更美的女人。

想著「雖然腿有點粗，但腰還算細」、「雖然大腿有點壯，但穿裙子就可以蒙混過去」、「雖然皮膚有點黑，但是穿什麼都很性感」，不僅增加了自我價值，還神奇地出現了讓我變得更漂亮的魔法。在談論風格之前，首先必須學會大膽，並且先要愛自己。這都是在我付諸實踐的過程中所得到的領悟。

曾經讓我痛恨雜誌的原因，並不是因為在裡面出現的是她們的美貌，也不是因為什麼昂貴的單品，而是因為在那裡面的名人或模特兒擁有我所沒有的高度自我價值。我已經不會再忌妒她們了。為什麼呢？因為現在的我和他們一樣，都有著不相伯仲的美麗。當然啦，如果腿可以再瘦一點點的話，就更完美了。

～by「從心態開始變有型」的崔允廷

style & styler

5

〔casual〕
1.無心的
2.不盛裝打扮的、一如往常的

深陷在隨興的魅力裡

網路購物商店 Oilcloth
負責人金智媄

profile

身高不到160cm

體重 55

her story

　　從服裝科系畢業的她，先是在童裝公司當設計師，接著走入了婚姻。自從有了孩子後，「隨性」便成了人氣部落客金智娸的摯友。記錄她一面工作一面經營居家的擺設、製作和改裝家具等日常生活的部落格（blog.naver.com/neonjelly），讓她成了人氣部落客。在這之前，她除了身兼妻子和兩個孩子的媽媽外，同時也是販賣日常雜貨、服飾等多方面生活用品商店（「Oilcloth」www.oilcloth.co.kr）的負責人。

　　雖然頭銜很多，要做的工作也很多，不過她秉持著過度勞動會讓生活變得疲乏的信念，大膽地選擇在星期三關起店門，在家休息。所謂的在家休息，其範圍包括製作床、改造廚房、做裁縫、整理屋前耕地，和社區朋友一起修習一日手工課程、上山採摘迎春花製作花田、製作柿餅等，全都包含在內。

　　即使衣服是親手做來穿、肥皂和純天然化妝品也都是手工製作，甚至連蔬菜都是親手栽種的，當中卻沒有任何一樣是需要過度耗損體力的工作，對於一個家庭主婦來說，這些都只像是喜歡服裝搭配般的隨性罷了。對於能夠親手製作家具和改裝工程的她，所謂的服裝固然需要賞心悅目，但是具不具實用性才是最重要的關鍵。

※ Oilcloth：oilcloth.co.kr

QUESTION & ANSWER
Oilcloth

Q1：喜歡哪一類型的服裝呢？

我喜歡隨性的風格，只不過喜歡隨性的熟女和十幾二十歲時的隨性，在選擇上似乎應該要有些不同。二十幾歲的時候，就算是選擇像是 T-Shirt 搭配牛仔褲這樣簡單的穿著，或是大膽嘗試印花多層次穿搭風格，怎麼穿都好看。但是過了三十五歲後，我認為比起穿個像少女，隨性與否的協調性才是比較重要的。雖然懂的人早已經都懂了……但衣服如此，人生也是如此，要拿捏好過或不及的分寸實在是一件相當困難的事。

Q2：有沒有專屬主婦的隨性呢？

成為一個主婦後，不能做的事情好像比能做的事情要來得多，我覺得還滿可惜的……蓬蓬裙、蕾絲和花俏的印花圖案能免則免，盡量選擇零碎的碎花圖案，或是色調暗沉且越低調越好的顏色。材質的部分，比起一般 T-Shirt 的棉料材質，要挑選莫代爾棉、人造絲、紗或亞麻之類不會黏在身上，能夠展現女人味線條的飄逸，才能在隨性之餘，兼具遮掩身材的功能。

Q3：有沒有什麼遮掩身材的妙方呢？

體型比較小的人如果要穿得比較隨性，大多會讓人覺得看起來像個學生或顯得無精打采。個子嬌小的人應該要選擇穿著短版的服飾，才能讓身形看起來沒有那麼嬌小。但也因為上了一點年紀之後，不能再隨便選擇穿著迷你裙或短褲、無袖衫，因此適當的多層次穿搭是重點。

如果認為多層次穿搭只是把衣服疊在一起，那就有點可惜了。多層次穿搭這種造型方法不但可以加強想要強調的地方，還可以隱藏想要遮掩的地方。

想要遮住肚子、屁股和手臂，讓整體身材比例看起來比較修長，就要多多善用背心、無袖上衣和七分袖長版罩衫。選擇多層次穿搭的造型，除了可以將

同樣衣服穿出不同的感覺外，天氣冷的時候也相當實用。穿上兩、三件薄的衣服不就比單穿一件厚的衣服來得保暖多了嗎？另外，因為我在四季都採多層次穿搭，所以每到換季的時候，還多了不用整理衣櫃也的方便之處。

Q4：您親手做的東西很厲害耶！最近還動手做嗎？

孩子還小的時候，因為找不到想要給他們穿的成衣，所以才會動手做給他們穿，不過最近市面上已經有很多價格低廉品質又好的衣服，所以我大多選擇直接買給他們穿。買布、選圖案、裁布、縫紉……費盡千辛萬苦的成果似乎沒有比想像中來得大，因此現在只有在沒辦法輕鬆購買到的時候才會選擇親手做，例如在韓國很難找到的亞麻圍裙之類的。

手作的奧妙在於能夠隨心所欲地做出心中想要的東西，不過同時卻也存在同等分量的辛苦。最近大概只會稍微改造一些使我感到厭煩的衣服而已。

Q5：是不是經常會把衣服稍作改造後再穿呢？

買成衣的時候，經常會出現長度的問題，這時我會動手改或重新修改一下領口之類的。尤其是對個子小的人來說，洋裝或上衣的長度光是變長2～3公分就會改變衣服的氛圍。因此我總會細心地修改衣服的長度。手工縫紉的話可以手縫收尾，而且在家就能輕鬆完成，把這種程度稱之為「改造」似乎有點不好意思呢！

衣服就不用說了，像我的話，舉凡家裡有的家具或是工作上所有的東西，都能成為我改造的對象。雖然只是簡單的步驟，卻足以讓使用者的心情完全不同的小改造，我都很喜歡。衣服也是如此，隨著不同氣氛搭配衣服是一件很享受的事情。

Q6：您看起來像是會長久使用一件東西的人？

人如此，東西也是如此，一旦喜歡上了，我就會長久珍惜，屬於買了一件衣服就會死守它十年的類型。再加上生了第二個孩子後，因為變胖的關係，

我不會去選擇無法駕馭的衣服，這個時候如果還有想要買新衣的慾望的話，我會選擇改造手頭上舊有的衣服。穿了很久的牛仔褲，唰一聲剪成短褲，或是在不會洗破衣服的前提下用剪刀裁剪 T-Shirt；像是穿膩的舊 T-Shirt，我經常會直接用剪刀剪掉袖子或領口。即使如此，過去累積下來的衣服還有很多都是沒能來得及穿的，所以換季的時候，我都會下定決心不要再買了……？

Q7：可以跟我們分享一些買衣服的祕訣嗎？

選擇在打折的時候，購買品質優良的服飾品牌似乎是最好的方法。換季的時候，各式各樣的品牌和東大門市場就會開始有一連串的特賣出清。這個時候，我會在一天之內努力地跑遍蠶室、高速巴士轉運站地下街、東大門、首爾車站，不過後遺症就是我有多沉浸在打折的魅力，小腿肌肉就有多疼痛。看著韓幣三千九、五千的漂亮 T-Shirt 和洋裝在特價，祕訣？還要什麼祕訣嗎？

另外還有一點要提醒大家的是，個子矮或身形嬌小的人可以看一看童裝，因為即使是同一品牌，童裝區的衣服也要來得便宜許多，如果遇到特惠季，那更是非買不可了。H&M、ZARA 等打折的時候，像是襯衫類的衣服就可以在這些主打廉價的童裝區，選擇男孩尺寸的襯衫，也都很好看。

Q8：外出時，有沒有「只要這個就 OK！」的單品呢？

當然是項鍊、圍巾和手鍊啊！

Q9：有沒有什麼是逛街時，應該駐足看一看的東西呢？

多樣化的顏色、印花無袖衫（又名運動汗衫）、色彩繽紛的褲子、民族風手環和項鍊，還有最近則是亞麻長版罩衫。近來市面上有很多亞麻材質的衣服，就算尺寸有點大，不過穿起來大大的也很有型，所以只要碰到特價我就一定會購買。

welcome to handmade room

「原木的抽屜式床底是我親手做的。學會處理木頭的方法後，便開
始著手製作適合居家空間氛圍的東西。在床底下設置抽屜可以用
來收納摺好的衣服，能夠發揮主婦的精打細算使用很容易被丟棄
的床底板當然很開心，不過多虧了默默負責大量衣服的抽屜，帶
來還真不是普通多的好處啊！所以我們家永遠都有相當足夠的收
納空間。」

no more dressroom

「我們家的主臥房並沒有需要占空間的壁櫃，取而代之的是利用
一格格辦公用的寄物櫃拿來當作衣櫃用。因為它比起壁櫃來說，
一是價格便宜非常多，二是可以將亞麻、針織等，按照材質分門
別類一格一格擺放進櫃子裡，無論任何季節要拿出來穿都非常方
便。既不占空間又能當擺設裝飾，真的很棒。

1
2
3

4
5
6

7
8
9

全部都是低於韓幣三萬元，
價格、設計都超優秀的精選單品

1 　如果喜歡的是舒適的鄉村風，擁有一件稍微蓋住膝蓋的黑色格紋裙，做起造型會變得更加方便。

2 　擔心短版上衣會露出肚子，不起眼的內襯洋裝可以發揮它的功用。轉運站地下街找到的低價特惠商品。

3 　親手一針一線縫出來的洋裝兼圍裙。如果在成衣裡找不到喜歡的設計，我會試著手作看看。

4 　對媽媽們來說，開釦針織衫會比毛衣來得舒服，加上無論是哪種臉型都適合的魔法米色，那就更棒了。

5 　挑背心的時候，如果可以選擇長度稍長且肩線較窄的款式，穿起來會比較顯瘦。

6 　可以把手臂和腹部脂肪全遮住的白色寬罩衫，絕對是多層次穿搭的必備單品。

7 　雖然這幾年來流行的都是緊身褲，但是褲管寬度恰到好處的棉褲卻具有不同凡響的魅力。將褲管稍稍捲起再搭配寬鬆的上衣也很有造型。

8 　搭配在亮色T-Shirt上，看起來會有顯瘦效果的鉤針背心。我的衣服大部分都是來自轉運站、東大門、MUJI、UNIQLO、ZARA的商品。

9 　不會黏在身上的薄灰背心，絕對是多層次穿搭的強者。

造型升級，
心情升級，
我親愛的飾品

手環＆項鍊

購買飾品的材料，親自動手製作，我喜歡木頭與織品等民俗風的飾品
勝於金屬材質的飾品。多層次混搭手環或項鍊，同樣也能完全轉換造
型的氛圍，絕對是能讓服裝變得搶眼出眾的大功臣。

厚羊毛襪

家裡沒有黑色、灰色、白色的襪子。為了保持腳部暖和，除了炎夏之外我都會準備羊毛襪來穿。就連有點難和襪子搭在一起的內搭褲，只要挑對顏色，並且讓厚羊毛襪產生鬆鬆的皺摺感，也能替造型加分。

圍巾

「只要脖子暖和就不會感冒……」我喜歡利用各式各樣材質和長度的圍巾和衣服搭配，即使在酷夏，也完全不用擔心冷氣的強風，是四季皆宜的單品。

輕盈、實惠的我的名牌包

衣櫃裡面沒有任何一個昂貴的
手提包，但是每天提在手上的
包包對我來說個個都是名牌
包。利用漆布DIY製成的大包
包、十年前就開始使用的尼龍
旅行袋、選用皮革布親手做的
側肩包……雖然這些手提包都
很簡單，卻和我的衣服十分相
襯，我非常滿意。

十年來屹立不搖的鞋子

開始照顧孩子後，高跟鞋就漸漸退出了我的生活。適合隨性風格又能兼具粗獷性，卻穿起來舒適的單品，絕對是最佳選擇。雖然我個子偏小，比起高跟的鞋子，我卻毫不猶豫地選擇平底鞋和低跟鞋。為什麼呢？因為本來就該活出專屬於我的風格。

shoes story

143

feminine layered

「總不能每天都穿格子、條紋和素面的衣服吧！想要穿碎花圖案的
興致一來時，我會拿起淡雅底色搭配恬靜的印花襯衫或洋裝，將
袖子稍稍捲起，再搭上像披肩般的寬鬆開釦鉤針衫的話，連我自
己都會不知不覺地吹起口哨呢！穿著碎花洋裝的時候，我推薦搭
配印花長筒襪。」

color & color layered

「一層、兩層、三層……一般來說,三層是基本穿搭;就連酷暑也
會有兩層。混搭得好的話,當然會聽到『很有型』的讚許。難道不
會熱嗎?只要選對材質搭配的話,反而很能吸汗,怎麼穿都會有
好心情!」

layered rule

「韓國人其實還滿喜歡穿黑色和灰色的衣服，牛仔褲、黑色
內搭褲、正裝風格的黑色彈性褲大概是任誰都有的基本款
吧！只不過我認為如果不是模特兒身材尺寸或身高的話，
上述這些就只是基本配備，而不是真的非常喜歡這些衣
服。我個人喜歡選擇基本色調的上衣，但是下身部分會大
膽地挑戰色彩繽紛的褲子，本來只是想要加強一下離臉蛋
遠一點的部位，卻產生了意想不到的效果。」

喜歡的衣服就算經過十年，
也能以全新心情穿上它的
「多層次穿搭風」

碎花荷葉裙擺洋裝＋亞麻圍裙＋針織披肩
類似居家服，卻又絲毫不遜色的外出服風格，設計獨特的針織披肩是在轉運站地下街打折期間，僅僅花五千韓幣買到
的特惠商品。轉運站地下街有進口的和韓國製商品等，不亞於批發市場的多樣化和低價。

碎花內搭褲＋七分褲＋紗質長版罩衫＋針織背心

以沉靜的綠色和麥色為主，是四季都適用的造型風格。寬長版罩衫搭配緊身褲或內搭褲是常見的搭配方式，不過如果下半身比較豐腴的話，寬版的褲子也很適合；天氣冷的時候，可以搭配開釦針織衫或大衣，天氣熱的時候，就不用穿內搭褲了。

棉褲＋T-Shirt＋牛仔襯衫

一天到晚都在穿的牛仔襯衫，比起單穿，我會穿成像是外套或開釦針織衫般，在光靠T-Shirt沒有辦法遮掩身材的時候選擇它。將襯衫袖子捲起，露出內搭的T-Shirt穿，非常有型。

格子裙＋內襯蕾絲洋裝＋亞麻上衣

多層次穿搭的奧妙就在於能將截然不同的圖案與色調擺在一起，如果是初次嘗試這類穿搭的話，可以試著從下擺或袖子的長度差異開始著手。將長度不同的內襯蕾絲洋裝和上衣搭在一起穿，注目的焦點就會移到雙腿上。

螢光粉紅褲＋碎花長版無袖背心＋罩衫

粉紅色、黃色、藍色等強烈的螢光色系相當流行。由於身形嬌小的關係，我會盡量避免選擇壓迫的大圖案，下半身的部分選擇繽紛的單色褲。遇到看起來漂亮的鮮豔顏色，馬上就該把它穿上身，因為明天可是會比今天還要更老一天喔！

就算是麻煩事一件，
我還是深陷在手作的樂趣中……

handmade healing

「做過手作的人都知道，無論手作過程多麼辛苦，只要一看到成品，所有的辛勞都會一掃而空。每天都被『主婦』枷鎖套牢，似乎出現了不想再被家庭綁住、只想擁有一個專屬自己快樂世界的念頭。本著這樣的心情，我開始動手做一、兩個小物，從中體悟到主婦這個角色所帶來的樂趣。經由我雙手製作出來的家具，經由我的DIY製作的衣服，經由我的親手作出的肥皂和化妝品……一旦著手於食衣住行，生活就像反覆記號般，又會重新回到原點。不需要成為什麼女強人，要買什麼就買什麼，想放棄什麼就放棄什麼，如此簡單的真理。親手作的樂趣不只在於把東西從無變有，還有能夠依照用途去改造既有東西，也是手作所擁有的魅力。我的改造生活始於需要某件物品而不想再添購新品的『節制慾望的生活模式』。抱持著『需要的東西應該試著去將現有的做改造』的想法，即便得經過一再地反覆試驗，可是最終還是能換來令人滿意的成品。而手工藝的陷阱就在於手工藝的道具，一個個又小又可愛的，逼得我只想全都買下來囤貨。做衣服的時候，會萌生想要幫線和鈕釦準備一間房子的念頭；鉤織的時候，會想要做一間可以把鉤針全送進去，讓我可以隨身攜帶的鉤針小屋。如此喜歡舊物的我，總覺得比起亮晶晶的新品，木頭、玻璃、亞麻等材料，才是真的夠味！」

Apron? Home dress!

「對於打理家務的女人來說，所謂的圍裙是跟皇后娘娘穿的宮服沒有什麼
不同！因為即便是穿著素面T-Shirt，只要圍上一條圍裙就可以馬上變身。
喜歡亞麻材質的我，只有在拿到大幅尺寸的亞麻布，才會把它拿來做成圍
裙。這是一件能穿得像洋裝的亞麻圍裙，是我修了好幾次版型後才完成的
作品，也因為太滿意這款設計，還用不同顏色布料又多做了好幾件呢。」

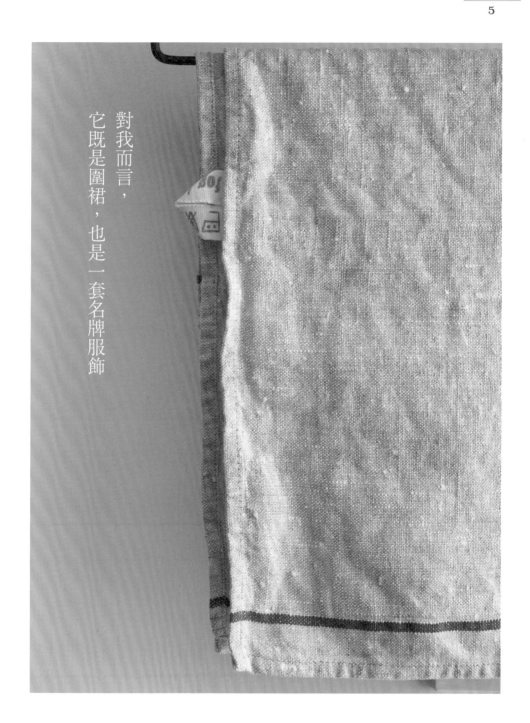

對我而言，
它既是圍裙，也是一套名牌服飾

| 1 | 2 |
| 3 | 4 |

1 近來很少因衣服穿壞而丟棄。用繡線替看起來沒什麼新意的襯衫縫上喜歡的民族風，增添點韻味。今年一整年都會像穿新衣服般好好地穿它。

2 替過短的裙子加上一點蕾絲，不僅長度可以變長，也能搖身一變成可愛的風格。

3 隨著年齡的增長而喜歡上了胸針。除了製作有型的胸針別在乏味的 T-Shirt 或大衣上，也經常用來當作贈禮。在胸針半成品的別針上，套上皮製掛牌或添上漂亮的花鈕釦，就大功告成了。

4 平常喜歡的項鍊和手環，都是到東大門市場採買材料後隨手穿的。輕巧的木材是我最喜歡的素材。

覺得穿膩的 T-Shirt，只要在織布的領口、
袖子或下緣處一點調整，就能完全改變衣服
的氛圍。將串珠或蕾絲縫上，稍作修改就能
完成一件與眾不同的衣服。

我喜歡將女性化的蕾絲運用在飾品更勝於在衣
服上。在帥氣的帽子上添加蕾絲的基調，並放
上粒粒方釦，完全扭轉了原本的味道。

我替掃把柄也穿上了衣服。用做坐墊剩
下的碎布，像是替掃把柄穿衣服、容易
導熱的鍋柄或是 T-Shirt 下擺，都是能
讓我善用碎布裝飾的地方。

因為玩偶是做給孩子們的禮物，所以我更是珍惜。特別邀請製
作玩偶的手作老師，和鄰居們一起學習如何做玩偶。

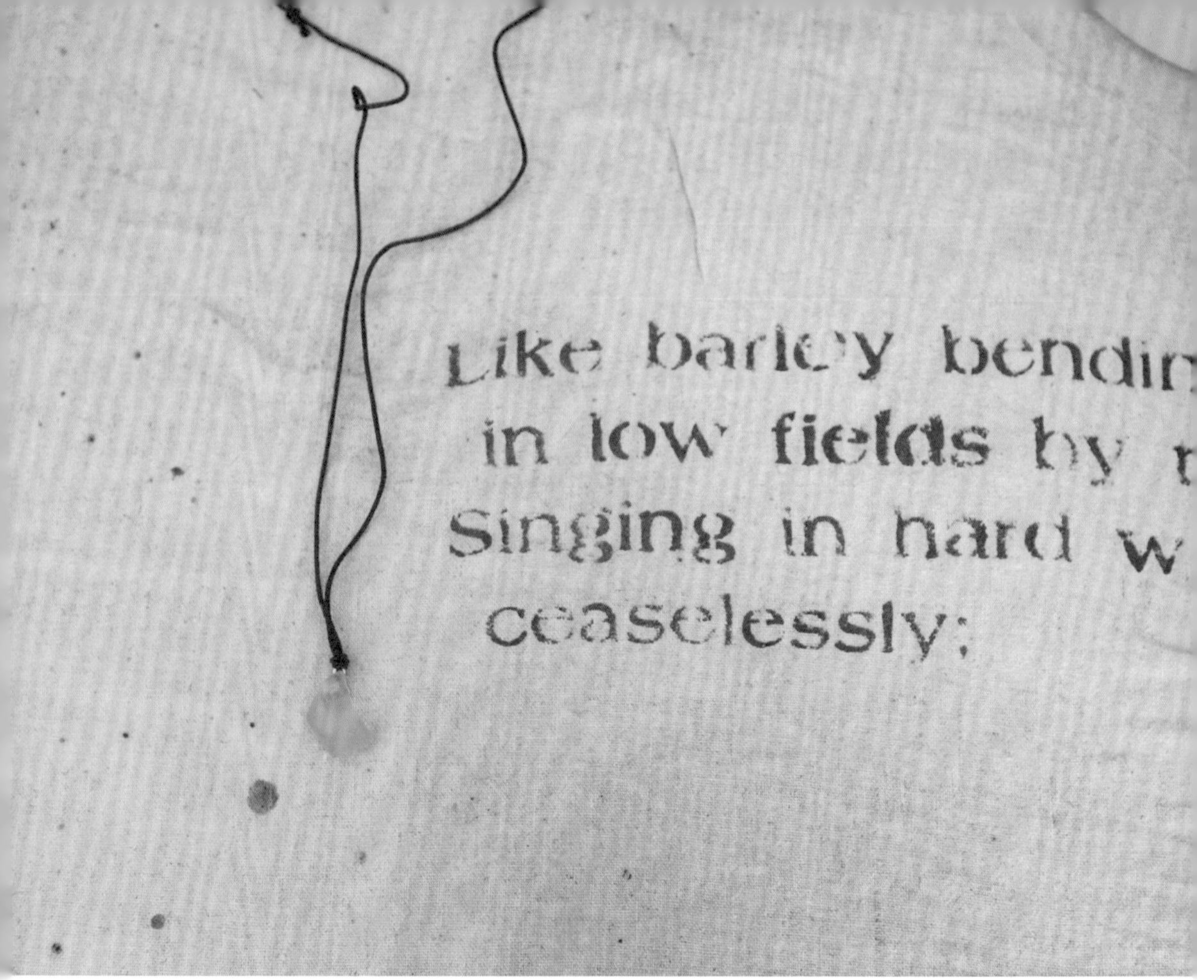

Like barley bendin

in low fields by t

singing in hard w

ceaselessly;

事實上，要我對飾品感到厭煩還真的是不太可能。所以每當我到東大門綜合市場五樓的手工材料市場時，就會把喜歡的天然礦石、線、木珠等一口氣全都買下。這是用棉繩串起製作而成的項鍊，雖然沒有什麼特別的，卻是我很珍視的寶物。

專屬我的穿著，專屬我的成熟

for natural life

「興致來的時候，我會拿出布或一些飾品、材料來搭配，用自己的雙手做個小物，真的是件快樂的事。說來也神奇，每每都會發現越是單純的組合反而越美麗。如同每當我花了許多時間製作出小物所領悟到的道理般，人生也是如此，從簡單裡就能找到答案！舒適、天然……希望衣服如此，人生也是如此，都能夠越來越有深度。」

　　連洗個臉的時間都沒有，就要開始擦擦抹抹、伺候老公、照顧小孩的熱血主婦「金節儉」女士，最近顯得有些憂鬱。

　　「我也想要媽媽像別人的媽媽一樣漂亮！」

　　年幼的女兒這麼說道。

　　正值青春期的兒子看到踩著拖鞋穿上運動褲就出門的我，暴跳如雷地吼道：

　　「吼，媽，妳真的是……穿成這樣到底是想怎樣啦？」

　　我還記得在老公公司前偶然遇到，裝扮潮到不行的女同事時有多麼地羞愧；甚至還被已經年過八十卻還會化妝打扮的時尚婆婆諷刺：

　　「我們家的媳婦們，怎麼就沒有一個稍微懂得打扮的啊？」

　　結婚十幾年來，從來是把自己擺在最後，把家裡每個角落都打理得閃閃發亮，把家裡每個人都照顧得頭好壯壯，鞠躬盡瘁換來的結果居然就是這般不堪嗎？還真是不可思議啊！就算是到住家附近的雜貨店也要戴上耳環、項鍊、塗好脣膏才肯出門的家事白癡「楊美麗」女士，最近卻陷入了煩惱的深淵。雖然衣服已經堆得跟山一樣高了，還是覺得沒有衣服可穿，所以費盡苦心去挖掘新衣，卻因為價格太貴沒有下手。結果果然如此，如果不想要在媽媽們的聚會被藐視的話，還是得要穿得體面一些……被人說三道四的，真是很難堪啊。再加上根本不了解我的家人們一天到晚還給我臉色看，滿腹委屈都要劃破天際了。

　　「把妳貫注在衣服上的心力，稍微分個一半在老公身上吧！」

　　「唉！媽，妳真是夠了！媽，妳以為自己是李孝利嗎？」

　　「妳每天穿成這樣到底是要去哪裡啊？真是莫名其妙！」

　　自古以來不就都說女人就算上了年紀也不能停止裝扮自己的嗎？

進入三十，或是四十之後……
還沒到可以放棄的年紀

這些沒有同理心的家人們真是令人火冒三丈。

有一次到日本出差，經過一間小小的紅茶坊，本來是因為腳痠而想要進去稍作休息，卻看到了一位相當美麗的奶奶。她穿著設計樸素的亞麻洋裝，胸前別著一個像是手作的胸針，搭配素白扁平的運動鞋；坐著的她膝蓋上還擺著提籃模樣的手提包，身邊的空椅子上擺著一把荷葉邊米色陽傘。點了一杯湧著裊裊蒸氣的紅茶，讀著口袋書的她，透過放大鏡看著她那圓滾滾的雙眼，彷彿就像是個眼睛閃閃發亮的少女似的；而花白的短髮則是將她裝扮得更具靈氣。當下我有個念頭油然而生：「我也想要漂亮地變老」。雅致的老去和年輕時期的朝氣是完全截然不同的美，因為歲月堆積而成的美，可不是年輕小姐們隨隨便便就可以模仿的呀！

要型塑我的模樣，似乎也不是一早醒來就會突然改變的事情。從現在開始，慢慢地去雕琢、去整理出一個裡裡外外都「像我的我」，

「服裝，決定一個人！」因此，放下舊有的想法，好好整理衣櫃，懷抱著新的夢想，去想像一下自己美麗的模樣，搖身一變成為一個恰到好處、有型的女人。雖然不想承認，但無論是老公、孩子、父母，這個世界上的所有人的確都會為美麗的女人而傾倒。不要佩帶過多一些有的沒的，或亮晶晶的飾品，也不要像個懶惰蟲般遊手好閒……請從居家的生活開始，整理一下自己的裝扮吧！如果能散發出宜人的香味加上俐落穿著的話，把水倒進飯鍋、斟咖啡、用吸塵器吸地或洗衣服等，這些時刻不知為何彷彿能讓人變身電影的女主角婀娜多姿又迷人。為鏡子裡的「自己」著迷，漸漸覺得自己變得越來越好的話，我的人生似乎也會隨著變得越來越好。

～by 不會穿衣只會出一張嘴的
「F.book」全體編輯

風格生活系列 ⑫

只要基本款！
頂尖韓國設計師教你時尚穿搭術

作　　　者 — F‧book
譯　　　者 — 王品涵
主　　　編 — 林芳如
編　　　輯 — 謝翠鈺
企　　　劃 — 林倩聿
美 術 設 計 — IF OFFICE
董 事 長
總 經 理 — 趙政岷
總　編　輯 — 余宜芳
出　版　者 — 時報文化出版企業股份有限公司
　　　　　　10803台北市和平西路三段二四〇號四樓
　　　　　　發行專線 — (〇二)二三〇六六八四二
　　　　　　讀者服務專線 — 〇八〇〇二三一七〇五
　　　　　　(〇二)二三〇四七一〇三
　　　　　　讀者服務傳真 — (〇二)二三〇四六八五八
　　　　　　——一九三四四七二四時報文化出版公司
　　　　　　— 台北郵政七九~九九信箱
時 報 悅 讀 網 — http://www.readingtimes.com.tw
法 律 顧 問 — 理律法律事務所 陳長文律師、李念祖律師
印　　　刷 — 和楹彩色印刷有限公司

初版一刷 — 二〇一四年九月五日
定價 — 新台幣三五〇元

國家圖書館出版品預行編目(CIP)資料

只要基本款!頂尖韓國設計師教你時尚穿
搭術/ F.book作. -- 初版. -- 臺北市：
時報文化，2014.09
　面；　公分. -- (風格生活系列；12)
ISBN 978-957-13-6033-1(平裝)

1.女裝 2.衣飾 3.時尚

423.23　　　　　　　　　　103014126

Printed in Taiwan